国防科技大学惯性技术实验室优秀博士学位论文丛书

多目偏振视觉仿生导航方法研究

Bionic Navigation Algorithms Based on Polarization Vision

王玉杰　何晓峰　胡小平　张礼廉　范　晨　著

国防工业出版社

·北京·

内 容 简 介

本书以仿生传感器和仿生导航方法为主要内容,围绕卫星信号拒止情况下自主导航问题,介绍了生物利用偏振光和视觉信息进行导航的机理,探索了阵列式仿生偏振视觉传感器技术,实现了基于航向/位置约束的仿生导航方法。

本书主要面向于导航、制导与控制专业的本科生和研究生,也可作为自动化相关专业科技人员的参考用书。

图书在版编目(CIP)数据

多目偏振视觉仿生导航方法研究 / 王玉杰等著 . —北京:国防工业出版社,2020.5
ISBN 978-7-118-12010-3

Ⅰ. ①多… Ⅱ. ①王… Ⅲ. ①航天导航-研究 Ⅳ. ①V556

中国版本图书馆 CIP 数据核字(2020)第 021979 号

※

*国防工业出版社*出版发行
(北京市海淀区紫竹院南路 23 号 邮政编码 100048)
北京龙世杰印刷有限公司印刷
新华书店经售
*
开本 710×1000 1/16 印张 9¼ 字数 158 千字
2020 年 5 月第 1 版第 1 次印刷 印数 1—1500 册 定价 85.00 元

(本书如有印装错误,我社负责调换)

国防书店:(010)88540777   发行邮购:(010)88540776
发行传真:(010)88540755   发行业务:(010)88540717

国防科技大学惯性技术实验室
优秀博士学位论文丛书
编委会名单

序

大学之道,在明明德,在亲民,在止于至善。

——《大学》

国防科技大学惯性导航技术实验室,长期从事惯性导航系统、卫星导航技术、重力仪技术及相关领域的人才培养和科学研究工作。实验室在惯性导航系统技术与应用研究上取得显著成绩,先后研制我国第一套激光陀螺定位定向系统、第一台激光陀螺罗经系统、第一套捷联式航空重力仪,在国内率先将激光陀螺定位定向系统用于现役装备改造,首次验证了水下地磁导航技术的可行性,服务于空中、地面、水面和水下等各种平台,有力地支撑了我军装备现代化建设。在持续的技术创新中,实验室一直致力于教育教学和人才培养工作,注重培养从事导航系统分析、设计、研制、测试、维护及综合应用等工作的工程技术人才,毕业的研究生绝大多数战斗于国防科技事业第一线,为"强军兴国"贡献着一己之力。尤其是,培养的一批高水平博士研究生有力地支持了我军信息化装备建设对高层次人才的需求。

博士,是大学教育中的最高层次。而高水平博士学位论文,不仅是全面展现博士研究生创新研究工作最翔实、最直接的资料,也代表着国内相关研究领域的最新水平。近年来,国防科技大学研究生院为了确保博士学位论文的质量,采取了一系列措施,对学位论文评审、答辩的各个环节进行严格把关,有力地保证了博士学位论文的质量。为了展现惯性导航技术实验室博士研究生的创新研究成果,实验室在已授予学位的数十本博士学位论文中,遴选出12本具有代表性的优秀博士论文,结集出版,以飨读者。

结集出版的目的有三:其一,不揣浅陋。此次以专著形式出版,是为了尽可能扩大实验室的学术影响,增加学术成果的交流范围,将国防科技大学惯性导航技术实验室的研究成果,以一种"新"的面貌展现在同行面前,希望更多的同仁们和后来者,能够从这套丛书中获得一些启发和借鉴,那将是作者和编辑都倍感欣慰的事。其二,不宁唯是。以此次出版为契机,作者们也对原来的学位论文内容进行诸多修订和补充,特别是针对一些早期不太确定的研究成果,结合近几年的最新研究进展,又进行了必要的修改,使著作更加严谨、客观。其三,不关毁誉,唯求科学与真实。出版之后,诚挚欢迎业内外专家指正、赐教,以便于我们在后续的研究工作中,能够做得更好。

在此,一并感谢各位编委以及国防工业出版社的大力支持!

吴美平

2015 年 10 月 9 日于长沙

前　言

本书针对小型运动体在卫星信号拒止情况下的自主导航问题,借鉴生物导航机理,从仿生传感器和仿生导航方法两个层面,研究了多目偏振视觉仿生导航方法。主要研究工作和研究成果总结如下。

(1)提出了一种基于阵列式偏振光罗盘的定向算法。首先,根据偏振光检测的基本原理,研究了冗余观测条件下偏振模态的最小二乘估计方法;其次,建立了基于瑞利散射模型的天空偏振模式,提出了基于特征矢量的太阳方位最优估计方法。该方法通过综合利用视场范围内的偏振信息,显著提高了偏振光罗盘的定向精度;最后,针对复杂环境下(受树叶、建筑物等遮挡)偏振光罗盘的定向问题,提出了一种基于随机抽样一致性(RANSAC)的太阳方向矢量估计方法。实验结果表明,即使受到严重遮挡而仅能看到一小部分天空区域(低至0.028%)的偏振模式,该算法依然可以提供准确的定向信息。

(2)探索了一种新型偏振视觉传感器优化设计与集成方法。首先,对检偏器的角度布局进行了优化设计,确定了采用 N 等分180°的最优布局方案,为传感器设计提供了理论依据;其次,针对多目偏振视觉传感器的安装误差特性进行了详细分析,提出了一种多相机联合标定方法,显著提高了相机间的光路配准精度;最后,探索了基于像素偏振片的微阵列式光罗盘结构设计与集成方法,并初步开展了传感器标定与测试方法研究,建立了传感器测量误差模型并分析了安装误差的允许范围,为项目组后续的研究工作打下了基础。

(3)探索了一种基于偏振视觉的图像增强新方法。首先,基于对场景图像的偏振特性分析,提出了一种抑制光线传输过程中受粒子散射干扰的方法,使图像对比度得到显著增强,并研究了基于偏振信息进行场景辨识和目标探测的方法;其次,在"折射—反射"场景中,利用偏振分析方法实现了透射场景和反射场景的重建,从而抑制了场景间的相互干扰,使得观测目标的轮廓及纹理细节更加清晰。

(4)提出了一种仿生节点识别及场景特征表达方法。首先,研究了基于网格细胞模型的拓扑节点识别方法,提出了一种惯性/视觉里程计辅助的序列图像匹配方法,从而显著提高了节点识别效果;其次,基于人脑的视觉机理以及人工智能领域深度学习算法,探索了基于卷积神经网络的场景特征表达方法,解决了视角大小不同的相机之间基于全局特征的图像匹配难题;最后,研究了导航拓扑节点的构建方法,实现了对导航经验知识的有效组织和利用。

(5) 提出了一种基于航向/位置约束的仿生导航算法。以微惯性/视觉组合导航完成几何空间内的航迹推算,以光罗盘定向结果作为航向约束,以拓扑节点识别结果作为位置约束,进而修正导航系统的累积误差,建立了"航迹推算+航向约束+位置约束"的仿生导航模式,并实现了相应的仿生导航算法;分析了不同约束条件下系统状态的可观性,为相关的理论及应用研究提供参考依据。实验结果表明,该算法能够显著提高组合导航系统的定位定向精度。

目　录

第1章 绪 论

1.1 研究背景

▶ 1.1.1 卫星信号拒止时小型运动体的自主导航难题

无人平台的研发与广泛应用,在社会经济和国防领域发挥着越来越重要的作用。目前,无人平台已应用到远程打击、前沿侦查、搜索营救、工业生产、家庭服务等诸多领域。在信息化战争环境中,无人作战平台已成为各国武器装备中的重要组成部分,无人机、无人车、无人艇、无人潜航器等装备所占的比例不断增大,其功能也在不断扩展,执行的任务趋于多样化,在未来战争中,将是一支不可或缺的新型作战力量。

导航系统是无人作战平台的核心组成部分,是其圆满完成任务的重要保障[1]。惯性导航系统(Inertial Navigation System,INS)是最常用的自主导航方式,具有导航信息丰富、抗干扰性强等优点,但由于惯性导航系统的误差会随时间增长而快速发散,就目前的技术水平,独立的惯性导航系统远不能满足长航时高精度的导航需求。此外,对小型无人平台而言,特别是小型无人机,其导航系统只能采用微小型部件(如微惯性导航系统、微磁航向传感器、微气压高度计、小型卫星接收机等),由于微惯性导航系统等导航组件的精度比较低,因此,目前主要以卫星导航或无线电遥控为主,其他导航手段为辅。众所周知,卫星导航和无线电导航信号极易被干扰,如果无人平台对其过分依赖,在战时将面临巨大的风险。如何提高导航系统的自主性和安全性,是各军事强国面临的重大难题,因此,探索新的高精度自主导航方法,就显得十分重要。

大自然中许多动物具有惊人的导航本领,如北极燕鸥每年往返于南、北两极地区,旅程达 50000~60000km,从不迷航;信鸽能够在距离饲养巢穴数百千米远的陌生地方,顺利返回巢穴;美洲的黑脉金斑蝶每年秋季从加拿大飞到墨西哥,行程超过 4800km,却从不迷路。近年来,随着对动物行为学和生理学研究的深入以及传感器技术的发展,仿生学逐渐成为学科交叉的前沿和研究的热点。大自然中生物所具有的独特的感知技术,为导航技术的发展提供了新的启示[2]。许多研究者开始研究动物大脑的导航定位机理[3,4],探索仿生导航新方法;同时,部分学者致力于新型仿生导航器件的研制,如仿生偏振光定向传感器[5,6]。动物非凡的导航本领和独特的导航模式能否为人类所借鉴,仿生导航技术能否为解决无人作战平台面临的导航难题提供一种新的技术途径,值得深入研究。

▶ 1.1.2 仿生导航的基本概念与内涵

研究表明,动物能够获取各种异源信息,并将信息进行关联,形成可用于导航的经验知识。例如,太阳鸟在迁徙过程中会利用黎明和黄昏时候的天空偏振光信息确定真北方向[4],信鸽能够利用地磁场/偏振光确定飞行方向并通过观测地标修正自身位置误差[7]。根据目前生物学的研究结果,动物导航经验知识的信息源主要包括视觉、运动感知、地磁、天空偏振光以及嗅觉等。进一步研究发现,许多动物的导航定位与大脑海马区(Hippocampus)相关,该区域包含至少3 种功能结构的细胞:方向细胞(Head Direction Cell),用于描述动物的头部朝向信息;位置细胞(Place Cell),用于描述动物当前所处的位置信息;网格细胞(Grid Cell),用于记录环境的网格地图[8,9]。

动物行为学家对信鸽返巢路线的研究发现:一群信鸽返巢的路线虽然各不相同,但都经过某些相同的地标节点,其飞行路线可以看成是将这些地标节点按某种方式连通的"拓扑导航路线图",候鸟的迁徙也大致遵循这一规律。据此,我们将信鸽或候鸟等动物的导航模式抽象为:"航向约束+位置约束+学习推理"。其中,"航向约束"和"位置约束"是依据航向感知和视觉信息,通过对经验知识的学习和理解实现;"学习推理"是在"航向约束+位置约束"的条件下,确定从当前节点出发、应该向哪个节点飞行,学习推理结果的正确与否是靠导航机制保证。

仿生导航就是借鉴动物的导航机理,综合利用偏振光信息、视觉信息、运动信息以及导航经验知识等,在几何空间/拓扑空间组成的混合空间中实现多源信息融合和学习推理的一种自主导航技术。

传统的导航方法研究的是三维几何空间中的导航问题,导航所涉及的运动体的导航参数均采用欧几里得度量表示和量化。在研究动物的导航行为特征时,往往是弱化对运动体具体导航参数的了解,更侧重对环境或者节点地标的认知与识别,关注节点与节点之间的连通关系,最终形成一张反映环境空间结构的连通图(即运动路线图)。

导航拓扑图中的节点(即拓扑图中的顶点)代表运动体航行环境中的关键

区域,而节点区域内可供导航使用的先验信息构成了节点经验知识[10]。经验知识包括多源异质信息、信息之间的相互关系以及先验信息的可用性等要素。当运动体经过某个节点时,可以提取该节点处的导航经验知识用于修正导航误差,从而实现混合空间中的自主导航。

　　本书所研究的多目偏振视觉仿生导航方法是一种以传统的惯性导航为基础,以微惯性/视觉组合导航完成几何空间内的航迹推算,以光罗盘实现航向约束,以拓扑节点识别形成位置约束,在混合空间内构成"航迹推算+航向约束+位置约束"的仿生导航模式。

1.2　国内外研究现状

 ### 1.2.1　仿生导航技术

　　仿生导航技术交叉融合了导航技术、仿生学、神经科学、动物行为学以及智能科学等多种学科领域的最新成果,是实现复杂条件下无人平台高精度导航的有效途径,已成为导航技术研究领域的前沿和研究热点[11,12]。2015 年,美国国防部高级研究计划局(DARPA)正式启动 FLA(Fast Lightweight Autonomy)项目,该项目通过研究鸟和飞行昆虫的仿生导航机理,力图使微小型无人机系统能够在无 GPS 导航和通信链路支持的条件下,具备 20m/s 自主飞行导航能力[13]。

　　目前,仿生导航机理研究集中于大脑海马区导航定位细胞及其作用机理和仿生拓扑导航模型等方面,取得了阶段性的研究成果,为进一步研究仿生导航机理提供了理论支持。在导航定位细胞方面,具有代表性的研究成果是美国科学家 Keffe[14]和瑞典科学家 Moser 夫妇[15]发现了组成大脑"GPS"系统的导航定位细胞,并获得了 2014 年诺贝尔生理学或医学奖。动物在几何空间中运动时,位置细胞和网格细胞并非处于连续的激活状态,仅当经过某些特定区域时,位置细胞和网格细胞才表现出活跃状态。在仿生拓扑模型方面,研究主要集中于几何/拓扑混合空间导航模型,通过利用环境拓扑地图的经验知识提高运动体的几何空间导航精度,实现导航精度高、系统鲁棒性强的新型自主导航技术[16]。

　　研究表明,动物主要是综合利用地磁/偏振光/视觉和运动感知信息以及经验知识实现导航定位,目前的仿生导航系统通常融合多种传感器信息[17]。1999年,Roy 等[18,19]设计了一个机器人导航系统,该导航系统旨在使机器人迷路的概率达到最小,系统由激光测距仪和视觉传感器构成。2000 年,Gaspar 等[20]利用全景相机,首先,在全局拓扑空间中进行路径规划,然后,结合局部空间中的地标信息,进行更加精确的路径规划,取得了较好的效果。同年,Lambrinos 等人根据沙漠蚂蚁的导航原理设计了一个移动机器人,该机器人通过天空偏振光提供的绝对方位信息和自身移动的距离信息进行长距离的航位推算,同时,以视觉感知的路标信息作为辅助信息,实现长距离准确导航[5]。

受生物学中关于老鼠导航定位机理的研究结果启发,Milford 和 Wyeth 设计了几何空间与拓扑空间融合的 RatSLAM 算法框架[21],该方法适用于大范围非结构化环境下的移动机器人导航定位与建图。通过模拟老鼠大脑海马区的行为,避免了基于概率技术的传统导航方法需要精确地描述环境、计算量大、难以适用于大范围环境等不足。在演示实验中,利用低成本的单目摄像头实现了累积里程 66km 的城市郊区环境中的实时导航定位与建图[22]。此外,借鉴网格细胞能够表征多尺度空间的机理,许多长距离、多尺度的自主导航模型也应运而生。2013 年,安特卫普大学的 Steckel 等提出了一种基于仿生声纳技术的BatSLAM 仿生导航算法[23],将一个仿生声纳传感器安装在移动机器人上,利用声纳信息感知复杂的外部环境,以模拟蝙蝠空间地图构建和导航定向的本领。综上所述,国外仿生导航机理的研究已经取得一定成果,但尚未完全揭示动物的导航机理,研究仿生导航任重道远。

▶ 1.2.2　偏振光导航技术

生物偏振视觉的发现源于对生物导航机理的探索。1914 年,F. Santschi 发现几种蚂蚁在觅食后可以近似直线地返回巢穴,只需看到头顶的部分天空(无需看到太阳),就可以为蚂蚁提供足够的方向信息[24]。随后的研究发现,自然界中很多昆虫和鸟类普遍使用偏振光进行导航。1947 年,K. Frisch 研究发现蜜蜂可以利用紫外偏振光进行导航[25]。另外,生物学家也在蟋蟀、蜘蛛、蝴蝶、鱼类、鸟类中发现偏振光导航的案例。

生物的偏振视觉除了可以敏感天空偏振光而进行定向之外,还具有目标识别的能力,可以帮助它们快速地发现食物和识别环境,这是由于偏振态提供了除亮度和颜色外,光的另外一个重要的信息。例如,牛虻(Tabanid Flies)的偏振视觉可以帮助它们探测水面和寻找宿主;摇蚊(Chironomid)利用偏振视觉来寻找合适的水面进行产卵[26];水生甲虫(Aquatic Beetles)可以感知水面反射的水平方向的偏振光从而探测水面,而水面探测对于无人车的野外驾驶是至关重要的。Molnar 的研究表明,入射光的偏振度和偏振角信息共同为水面探测提供参考,这种基于偏振视觉的方法比使用亮度信息或者颜色信息更加可靠[27]。

生物学家一方面从神经解剖学的角度研究动物偏振视觉系统的结构与功

能特性,另一方面又不断尝试利用光电敏感材料模拟动物偏振感知神经结构,力图从工程上验证他们提出的生物学模型的合理性与可行性,其研究成果为仿生偏振光罗盘技术奠定了坚实的基础。

1996 年,T. Labhart 等建立了蟋蟀的偏振光敏感单元(POL-神经元)模型[28];在此基础上,苏黎世大学的 Lambrinos 等仿照沙漠蚂蚁的导航策略,设计了基于 POL-神经元模型的偏振光传感器,并成功应用于移动机器人导航[5,29]。2002 年,德国学者 A. Schmolke 利用在室内搭建的偏振光导航系统进行了机器人路径跟踪实验[30]。2004 年,美国 NASA 的 S. Thakoor 等论述了偏振导航在未来火星探测中的应用前景[17],为应对火星多磁极、低重力以及无线电导航困难等情况,他们提出应用于火星探测计划的基于光流法和大气偏振光辅助的组合导航方法[29]。

偏振光罗盘的制作水平对偏振光导航精度有着较大的影响,而纳米金属光栅的加工技术是制作偏振光罗盘的关键。随着亚波长金属光栅相关理论的发展以及微纳加工工艺的进步,国内外各研究单位制作出高质量的亚波长金属光栅器件。2005 年,韩国 LG 电子研究院的 S. W. Ahn 等[31]通过纳米压印的方式制作了具有 50nm 线宽(周期为 100nm)的金属光栅,其深宽比达到 4∶1,消光比达到了 2000(@450nm,蓝光波段)。2006 年,瑞士的 Y. Ekinci 等[32]利用极紫外干涉光刻技术制备了周期为 100nm 的双层金属光栅,在可见光波段的透光率约为 50%,最大的消光比达到了 10000 以上(@550~850nm)。

近几年来,更贴近生物偏振视觉的阵列式偏振光传感器逐渐成为研究的热点[33],2011 年,M. Sarkar 等[34]将微阵列式偏振片集成到 CMOS 感光芯片上(分辨率为 128×128 像素),从而实现了图像式偏振模式测量;2014 年,Y. Zhang 等[35]设计了基于液晶相位延迟器的全天域偏振图像测量装置,以进行天空偏振模式的快速测量;同年,D. Wang 等[36]设计了基于三相机的偏振视觉传感器,并将其应用到地面车辆的导航中。根据已测量的天空偏振模式,卢皓等[37]提出了一种基于 Hough 变换的太阳方位角解算方法;随后,刘俊等[38]提出了基于聚类分析的太阳子午线估计方法,从而实时解算出载体的航向信息。

国内有多个单位在仿生偏振光导航领域开展了深入研究,包括大连理工大学褚金奎教授团队[39,40]、合肥工业大学高隽教授团队[41]、哈尔滨工业大学黄显林教授团队[42,43]、中北大学刘俊教授团队[44,45]以及国防科技大学胡小平教授团队[46-50]等,均在该领域取得了丰富的研究成果。研究内容主要集中在大气偏振模式建模与仿真、误差建模与分析、偏振光罗盘设计、仿生偏振光定向算法等方面。

1.2.3 微惯性/视觉组合导航技术

惯性导航(INS)是一个使用惯性测量单元(包括陀螺仪和加速度计)测量运动体的角速度和加速度,并用计算机来连续估算运动体姿态、速度、位置等导航参数的过程[51];随着微电子技术和微机电技术的发展,具有低成本、微型化、低功耗等特点的微惯性测量单元(MIMU)应运而生,并在无人机、汽车、手机等众多领域得到了广泛的应用[52]。

视觉导航是通过提取和跟踪连续图像帧中的特征估计载体运动参数的过程,由于类似于轮式里程计,该方法通常也称为视觉里程计(VO)[53];如果在导航的过程中同步构建包含特征信息的数据库,并用来进一步修正导航误差,则称该过程为视觉同步定位与建图技术(VSLAM)[54,55];在全局一致性的约束下,同步定位与建图技术可以取得更高的导航精度,却也面临计算瓶颈,难以满足大范围、长航时的导航需求。

惯性测量单元和相机都不需要接收外部人工信息,可应用于未知环境下的自主导航。惯性器件具有短时间内精度高和输出带宽高的优点,其缺点是误差随时间累积;视觉导航通过感知载体的相对位移和姿态变化而进行积分,其在低动态情况下精度高,但是输出带宽有限。惯性和视觉在导航应用中具有误差特性和输出带宽互补的特点,将惯性和视觉信息组合则可以充分发挥两种传感器的优点,达到更高的定位精度和环境适应性[56,57]。

近年来,以视觉里程计作为辅助方式的微惯性/视觉组合导航技术得到了众多研究者的关注[56]。Peter 等介绍了惯性和视觉这两种生物和机器人领域中最常见的传感器,并对惯性/视觉组合导航技术进行了详细的综述与分析[58];Xian 等研究了双目视觉与 MIMU 的紧组合导航方法,充分发挥了 MIMU 的快速响应性能以及视觉里程计误差发散较慢的优势[59];Hu 将三焦张量作为观测方程引入到惯性/视觉组合导航系统中,与仅使用两幅图像的极线约束相比,该方法利用的约束信息更多,导航精度得到了较大提高[60];受此启发,Kong 等在点特征三焦张量约束的基础上,进一步引入了线特征,将点、线特征同时应用到惯性/双目视觉组合导航中,从而显著提高了系统的环境适应性[57]。

微惯性/视觉组合导航系统可以达到比使用单一传感器更高的导航精度,但是从可观性角度来说,其绝对位置和绝对航向是不可观的,因而,系统误差会在不可观方向长期积累[61]。文献[62,63]中利用磁传感器作为航向约束手段,提高了导航精度。然而,磁罗盘容易受到铁磁材料的干扰,使得定向误差较大;受自然界中一些生物利用天空偏振光导航的启发,本书中将引入偏振光罗盘作为微惯性/视觉组合导航系统的航向约束。

为了使 MIMU 和相机的信息进行有效融合,需要对二者进行精确的时间和空间配准,也就是通常所说的标定问题。时间配准可通过同步触发脉冲来实现,有时还需考虑相机曝光时间延迟及数据传输延迟等,而空间配准则较为复杂,目前,国内外学者提出了多种微惯性/视觉联合标定算法。Lang[64]提出了基于非线性优化的 MIMU/相机标定方法,Mirzaei 等[65]提出了基于卡尔曼(Kalman)滤波器的标定方法并进行了可观性分析,姜广浩[66]和杨浩[67]也分别开展了基于扩展卡尔曼滤波器(EKF)和迭代无迹卡尔曼滤波器(IUKF)的微惯性/视觉标定算法研究。

1.2.4 基于视觉特征的拓扑节点识别技术

近年来,仿照生物导航的原理,如蝙蝠、候鸟、老鼠、蚂蚁等,这些动物在迁徙、觅食或者返巢时会记录沿途的信息(如声纳信息、视觉信息等),形成拓扑节点,从而进行可靠的导航。许多学者利用超声传感器、激光扫描仪、图像传感器等进行了同时定位和建图(SLAM)的研究,而随着图像传感器小型化和低成本的发展,且图像的信息更加丰富,基于视觉导航的研究越来越多[68]。

视觉特征是拓扑节点识别的基础,通常使用的场景图像特征有两种类型:局部特征和全局特征。局部特征是指选出图像中的一些特别关注的区域(如特征点、特征线等),而后对其进行描述,典型的局部特征包括 Harris 点特征[69]、SIFT 特征[70]、SURF 特征[71]等。在建立全局特征时,则直接对整幅图像进行处理,不关注图像的细节信息,典型的全局特征包括灰度直方图特征[72]、Gist 特征[73]等。全局特征通常非常简练,有利于计算机存储和检索,但是其对于图像的描述不够精细,信息损失较多;局部特征对于图像的描述较为精细,然而,每幅图像通常会包括几百个以上的特征,因此不利于图像的检索。

为了能基于大量局部特征实现对图像的快速检索,受词典库模型(Bag-of-words Model)的启发,M. Cummins 和 P. Newman 设计了基于贝叶斯估计框架的 FAB-MAP 算法,广泛应用于拓扑节点的场景识别中[74],在最新的研究工作中,R. Paul 和 P. Newman 对 FAB-MAP 算法框架进行了两点改进:第一是利用改进的概率表达模型来描述场景图像,使之具有更高的匹配精度;第二是在线更新图像库,使算法能够自适应不同的环境[75]。

生物学的研究表明,在哺乳动物的大脑海马区中存在与动物导航和环境认知相关的 3 种细胞[14,76],即方向细胞、位置细胞和网格细胞。方向细胞是一种指示动物头部方向的细胞;位置细胞是一种记录动物空间位置的神经细胞;网格细胞是一种与空间编码和认知密切相关的神经细胞,在哺乳动物的整个导航过程中,网格细胞会有规律地激活,呈离散的六边形网格状,该形状与动物进行环境编码和认知相关[77]。

受动物的场景识别机制和信息处理过程的启发,研究者们开始研究仿生场景识别算法,并取得较好的效果。M. Milford 等基于老鼠海马区位置细胞的定位机理,提出了一种仿生位置识别算法 RatSLAM[21],该方法仅当连续场景识别结果大于阈值时,才被认为是准确的识别。在此基础上,M. Milford 提出了识别正确率更高、适用范围更广的 SeqSLAM 算法[78]。该算法采用连续时间的图像序列作为匹配对象与数据库中的图像进行匹配,极大提高了场景识别的环境适应性,实验结果表明,该算法能很好地适应天气、气候、光照的变化。

近年来,随着机器学习技术的发展,一些学者开始研究如何让计算机学习场景的表达方式,自动地寻找稳定的场景特征。2013 年,英国帝国理工大学的 Renato 采用深度学习技术进行训练,形成具有语义的桌子、椅子等抽象信息的描述,并用于小范围室内导航[79]。Jonathan[80]、Balntas[81] 等则采用深度学习技术对局部场景信息进行学习,得到与 SIFT 具有相同形式但效果更佳的特征描述方法。Neurt 通过学习场景随季节的变化过程,从而提升了场景描述的环境适应性[82,83]。Niko 等将卷积神经网络用于地面无人车的节点识别中,该网络并非基于实际应用环境训练得到,而是基于 ImageNet 公开数据集训练得到,网络的隐层参数显示出对不同场景的区分能力,表明了该方法生成的特征描述具有很强的鲁棒性[84,85]。

1.3 解决问题的思路

本书针对小型运动体在卫星信号拒止情况下的自主导航难题,借鉴生物导航机理,在仿生传感器和仿生导航方法两个层面开展研究。首先,探索生物感知并利用偏振光和视觉信息进行导航的机理,重点研究仿生传感器的系统结构设计与误差特性、阵列式仿生偏振视觉传感器关键技术、基于天空偏振模式的定位定向算法。其次,研究拓扑节点特征的表达与识别方法,即视觉场景的特征提取及特征匹配问题,基于人脑的视觉机理以及人工智能领域最新的深度学习算法,探索基于卷积神经网络的场景特征表达方法。最后,借鉴生物行为学领域的研究成果,探索仿生导航机制和仿生导航建模方法,完成验证实验。

本书中解决问题的总体思路如图 1.1 所示,重点开展以下几个方面的研究工作。

(1) 开展偏振视觉传感器设计与集成测试研究。首先,重点完成阵列式偏振光传感器的设计、集成、标定和测试等研究工作;其次,建立偏振视觉传感器的误差模型并进行标定和补偿;最后,将偏振光罗盘与微惯性测量单元(MIMU)、相机集成在一起构成仿生导航算法的硬件基础。

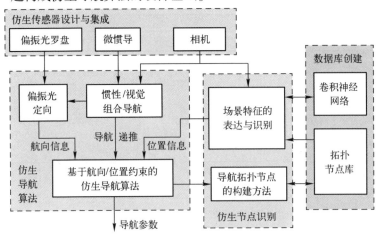

图 1.1　本书解决问题的总体思路

（2）开展仿生偏振视觉定位定向算法研究。分析基于一阶瑞利散射模型的天空偏振模式,研究基于阵列式偏振光传感器的定位定向算法,提高光罗盘定向精度及环境适应性,为组合导航系统提供航向约束。

（3）开展拓扑节点特征的表达与识别方法研究。首先,研究基于偏振视觉的图像增强原理,以充分利用场景中的偏振信息;其次,重点研究拓扑节点特征的表达与识别方法,即视觉场景的特征提取及特征匹配问题,通过拓扑节点识别为导航系统提供位置约束。

（4）开展基于航向/位置约束的仿生导航算法研究。利用偏振光罗盘的信息作为航向约束,辅助惯性/视觉里程计完成几何空间内的航迹推算,利用导航拓扑节点识别结果作为位置约束,建立"航迹推算+航向约束+位置约束"的仿生导航模式,实现仿生导航算法。

1.4　本书的研究内容、组织结构和主要贡献

1.4.1　本书的研究内容与组织结构

本书的组织结构如图 1.2 所示,全书共分为 6 章,各章节的内容安排如下。

第 1 章,绪论。主要阐述课题研究的背景和意义、国内外研究现状、拟解决的主要问题及思路、本书的研究内容与组织结构。

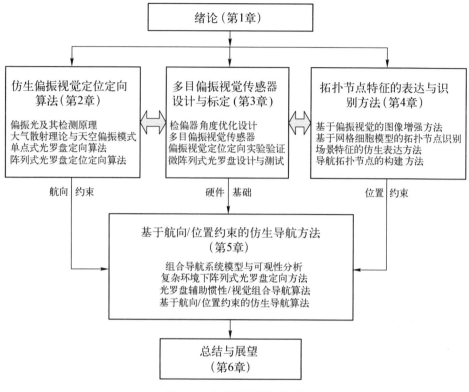

图 1.2　本书的组织结构图

　　第 2 章,仿生偏振视觉定位定向算法。首先,介绍偏振光的特性以及偏振光检测的基本原理,给出冗余观测条件下偏振模态的最小二乘估计方法;其次,分析基于一阶瑞利散射模型的天空偏振模式,设计天空偏振光测量装置,开展实验验证;然后,推导出载体倾斜条件下基于单点式偏振光传感器的定向算法,并进行航向角估计误差分析;最后,针对阵列式偏振视觉传感器,提出一种基于特征矢量的太阳方向矢量最优估计方法,给出基于天空偏振模式的定位定向算法。

　　第 3 章,多目偏振视觉传感器设计与标定。首先,研究偏振视觉传感器中检偏器角度布局的优化设计;其次,给出多目偏振视觉传感器的一种设计方案及其标定方法;然后,基于该传感器开展偏振视觉定位定向实验,验证第 2 章中提出的阵列式光罗盘定位定向算法的有效性和实用性;最后,提出基于像素偏振片的微阵列式光罗盘设计方案,建立传感器测量误差模型并分析集成时对准误差的允许范围,通过实验评估光罗盘的定向精度。

　　第 4 章,拓扑节点特征的表达与识别方法。首先,研究基于偏振视觉的图像增强方法,同时探索在"折射—反射"场景中,利用偏振信息来实现透射场景和反射场景重建的方法;其次,研究基于网格细胞模型的拓扑节点识别方法,并将惯性/视觉里程计用于辅助序列图像匹配算法;然后,基于人脑的视觉机理以及人工智能领域的深度学习理论,探索基于卷积神经网络的场景特征表达方法;最后,研究导航拓扑节点的构建方法,提出基于映射关系的导航拓扑节点组织方法,实现对导航经验知识的有效组织和利用。

第 5 章,基于航向/位置约束的仿生导航方法。首先,构建基于航向/位置约束的组合导航系统模型,利用基于奇异值分解的可观性分析方法,通过理论分析和仿真实验证明引入航向/位置约束的必要性;其次,针对复杂环境下偏振光罗盘的定向问题开展研究,提出一种基于随机抽样一致性(RANSAC)的太阳方向矢量估计方法,并将光罗盘的航向信息用于辅助微惯性/视觉组合导航系统;最后,在航向约束的基础上,进一步将节点识别结果作为位置约束,研究基于航向/位置约束的仿生导航算法,在混合空间内构建"航迹推算+航向约束+位置约束"仿生导航模式,完成车载验证实验。

第 6 章,总结与展望。这里对本书的内容进行了总结,指出一些有待解决的问题,展望下一步的研究方向。

1.4.2 本书的主要贡献

本书的主要贡献有如下 5 个方面。

(1) 提出了一种基于阵列式偏振光传感器的定位定向算法。首先,推导了基于瑞利散射模型的天空偏振模式,研究了基于特征向量的太阳方位最优估计方法,该方法通过综合利用视场范围内的偏振信息,显著提高了偏振光定向精度;其次,针对复杂环境下(受树叶、建筑物等遮挡)偏振光罗盘的定向问题,提出了一种基于随机抽样一致性算法(RANSAC)的太阳方向矢量估计方法,实验结果表明,即使受到严重遮挡而仅能看到一小部分天空区域(低至 0.028%)的偏振模式,该算法依然可以提供准确的航向信息。

(2) 研究了一种新型偏振视觉传感器优化设计与集成方法。首先,针对检偏器角度的布局开展了优化设计,确立了检偏器角度采用 N 等分 180° 的最优布局,为传感器设计提供了理论依据;其次,针对该传感器提出了一种多相机联合标定方法,显著提高了相机间的光路配准精度;最后,探索了基于像素偏振片的微阵列式光罗盘设计与集成方法,建立了像素偏振片在集成时的安装误差模型,分析了误差的传播规律,为后续的传感器研制打下了基础。

(3) 探索了基于偏振视觉的图像增强方法。首先,基于对场景的偏振分析,提出了一种抑制光线传输过程中受粒子散射干扰的方法,使图像对比度得到显著增强,给出了基于图像偏振信息进行场景辨识和目标探测的方法;其次,在"折射—反射"场景中,利用偏振分析实现了透射场景和反射场景的重建,从而消除了场景间的相互干扰,使得观测目标的轮廓及纹理细节更加清晰。

(4)提出了一种拓扑节点特征表达与识别方法。首先,研究了基于网格细胞模型的节点识别方法,提出了一种惯性/视觉里程计辅助的序列图像匹配方法,从而显著提高了节点识别效果;其次,基于人脑的视觉机理以及人工智能领域的深度学习理论,探索了基于卷积神经网络的场景特征表达方法,解决了视角大小不同的相机之间基于全局特征的图像匹配难题。

(5)提出了一种基于航向/位置约束的仿生导航算法。以微惯性/视觉组合导航完成几何空间内的航迹推算,以光罗盘定向结果作为航向约束,以拓扑节点识别结果作为位置约束,建立了"航迹推算+航向约束+位置约束"的仿生导航模式,实现了相应的仿生导航算法;分析了不同约束条件下系统状态的可观性,为相关的理论及应用研究提供参考依据。实验结果表明,在偏振光罗盘的航向约束和节点的位置约束之下,该算法能够显著提高组合导航系统的定位定向精度。

第2章 仿生偏振视觉定位定向算法

太阳光经过大气粒子的散射能够产生稳定的偏振模式,而且在较大的范围内很难受人为因素的干扰和破坏,是自主导航可利用的优质资源,准确地描述这种偏振模式是仿生偏振光导航的基础。本章首先介绍了偏振光的特性以及偏振光检测的基本原理;其次分析了基于一阶瑞利散射模型的天空偏振模式,并设计了天空偏振光测量装置,进行了实验验证;然后推导了载体倾斜情况下基于单点式偏振光传感器的定向算法,并进行了航向角估计误差分析;最后面向阵列式偏振视觉传感器,给出了太阳方向矢量的最优估计算法以及仿生偏振视觉定位定向算法。

2.1 偏振光及其检测原理

▶ 2.1.1 偏振光及其表示方法

按照波动光学的观点,光波是一种电磁波。电磁波是由高频振动的电场 $\boldsymbol{E}$ 和磁场 $\boldsymbol{H}$ 按照一定的规律在空间和时间上传播而形成的,其中 $\boldsymbol{E}$ 矢量和 $\boldsymbol{H}$ 矢量均垂直于波的传播方向,且 $\boldsymbol{E}$ 矢量和 $\boldsymbol{H}$ 矢量也相互垂直。对于平面电磁波,若用电场矢量表示,取波的传播方向为 z 坐标轴,则电矢量可以表示为

$$\boldsymbol{E}(z,t) = \begin{bmatrix} E_x(z,t) \\ E_y(z,t) \end{bmatrix} = \begin{bmatrix} E_{x0}\mathrm{e}^{\mathrm{i}(kz-\omega t+\varphi_{x0})} \\ E_{y0}\mathrm{e}^{\mathrm{i}(kz-\omega t+\varphi_{y0})} \end{bmatrix} \tag{2.1}$$

式中:E_{x0}、E_{y0} 为振幅;φ_{x0}、φ_{y0} 为初始相位;$k=2\pi f$ 为空间角频率,其在数值上等于空间频率的 2π 倍,所以也称为传播数;$\omega=2\pi/T$ 为时间角频率。

对于普通光源发出的光波,可以认为是由大量彼此独立的平面波叠加而成,在垂直于 z 的平面内并不存在占优的振动方向,这样的光波即称为自然光。

自然光在传播过程中,如果受到外界的作用,使某一方向的振动比其他方向占优,其强度用 $I_{\max}$ 表示,产生的这种光就称为偏振光,通常用偏振度 d 表示

偏振的程度,即

$$d = \frac{I_{\max} - I_{\min}}{I_{\max} + I_{\min}} \tag{2.2}$$

当 $I_{\max} = I_{\min}$ 时,偏振度 $d = 0$,这就是自然光;当 $I_{\min} = 0$ 时,偏振度 $d = 1$,称为线偏振光,当偏振度 $0 < d < 1$ 时,则称为部分偏振光。

虽然普通光源发出的光为非偏振光,但是在其传播过程中可以通过多种途径产生偏振效应,主要包括散射、反射与折射、通过二向色性晶体、通过双折射晶体等。图 2.1 中展示了自然界中最常见的两种产生偏振光的过程,即大气散射和水面的反射与折射。

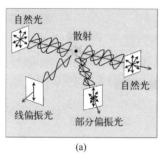
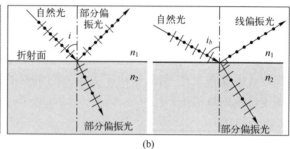

(a)　　　　　　　　　　　　　　　　　　(b)

图 2.1　偏振光的产生过程

(a) 大气散射;(b) 水面反射与折射。

太阳光在进入地球大气层之前是非偏振的,自然光经过大气粒子的散射后会产生偏振现象,散射光的偏振度由散射角决定,如图 2.1(a) 所示。根据一阶瑞利散射模型,当散射角为 90° 时,散射光为线偏振光(偏振度 $d = 1$),而实际测量的天空偏振光中,最大的偏振度约为 0.7(晴朗天气条件),这主要是由多次散射的退偏振效应引起的。

自然光经过水面反射和折射后,反射光和折射光均变为偏振光,反射光的主偏振方向垂直于入射面,而折射光的主偏振方向平行于入射面。反射光的偏振度由入射角决定,当入射角满足 $\tan i = n_2 / n_1$ 时,反射光为线偏振光,折射光为部分偏振光,此时的入射角称为布儒斯特角。当入射角为布儒斯特角时,反射光与折射光的传播方向相互垂直,如图 2.1(b) 所示。

描述偏振光各参量间关系的方法有很多,主要包括电矢量法、斯托克斯矢量法、琼斯矢量法、邦加球图示法等,针对本书中设计的偏振光测量算法,使用斯托克斯矢量法描述最为方便。该方法是由斯托克斯(Stokes)于 1982 年提出的,用 4 个实数参量描述光的偏振态,即

$$S = \begin{bmatrix} s_0 \\ s_1 \\ s_2 \\ s_3 \end{bmatrix} = \begin{bmatrix} \langle E_x^2 + E_y^2 \rangle \\ \langle E_x^2 - E_y^2 \rangle \\ 2\mathrm{Re}\langle E_x E_y^* \rangle \\ -2\mathrm{Im}\langle E_x E_y^* \rangle \end{bmatrix} \propto \begin{bmatrix} I_0 + I_{90} \\ I_0 - I_{90} \\ I_{45} - I_{135} \\ I_\mathrm{L} - I_\mathrm{R} \end{bmatrix} \qquad (2.3)$$

式中:符号 $\langle E(t) \rangle$ 为对一段时间内的 $E(t)$ 值取平均;s_0 为入射光的总光强;s_1 为水平方向与竖直方向的强度差值;s_2 为 $+45°$ 方向与 $-45°$ 方向的强度差值;s_3 为左旋光与右旋光的强度差值。

本书研究的偏振光主要为由大气散射引起的天空偏振光,此时,s_3 可以忽略不计[86,87]。因此,入射光的偏振角 ϕ 和偏振度 d 可以表示为

$$\phi = \frac{1}{2}\arctan\left(\frac{s_2}{s_1}\right)$$

$$d = \frac{\sqrt{s_1^2 + s_2^2}}{s_0} \qquad (2.4)$$

下文中若不作特别说明,则偏振度 d 均指的是由式(2.4)定义的线偏振度。

2.1.2　偏振光检测原理

前面介绍了由自然光产生偏振光的几种现象,通常把该过程称为"起偏",而把检测偏振光的过程称为"检偏";相应地,检测偏振光的器件(如纳米金属光栅)就称为检偏器。

根据马吕斯定律,一束偏振光通过检偏器后,探测器测得的光强可以表示为

$$f_j = \frac{1}{2}KI\left[1 + d\cos(2\phi - 2\phi_j)\right], \quad j = 1, 2, \cdots, N \qquad (2.5)$$

式中:光强 I、偏振度 d、偏振角 ϕ 为待测量的入射光参数;K 为光电探测器的感光系数;ϕ_j 为第 j 次测量时检偏器的角度;N 为采样次数。

因此,至少需要 3 次不相关的测量,就可以将入射光的 3 个参数估计出来。在实际应用中,通常增加采样的次数进而减少测量噪声对参数估计的影响,此时,可以采用最小二乘估计的方法,将式(2.5)改写为

$$2f_j/K = I + Id\cos2\phi\cos2\phi_j + Id\sin2\phi\sin2\phi_j \qquad (2.6)$$

定义

$$F = \begin{bmatrix} 2f_1/K \\ 2f_2/K \\ \vdots \\ 2f_N/K \end{bmatrix}, \quad D = \begin{bmatrix} 1 & \cos2\phi_1 & \sin2\phi_1 \\ 1 & \cos2\phi_2 & \sin2\phi_2 \\ \vdots & \vdots & \vdots \\ 1 & \cos2\phi_N & \sin2\phi_N \end{bmatrix}, \quad S = \begin{bmatrix} s_0 \\ s_1 \\ s_2 \end{bmatrix} = \begin{bmatrix} I \\ Id\cos2\phi \\ Id\sin2\phi \end{bmatrix}$$

则式(2.6)可以写为矩阵形式,即

$$DS = F \tag{2.7}$$

这是一个超定线性方程组的求解问题,可以通过最小二乘估计求解[88],即

$$\hat{S} = (D^{\mathrm{T}}D)^{-1}D^{\mathrm{T}}F \tag{2.8}$$

式中:S 为斯托克斯矢量式(2.3)中的前三项,当 S 被估计出来后,入射光的偏振角和偏振度等参数可以通过式(2.4)得到。

测得入射光的偏振参数之后,可依据天空偏振模式(见 2.2 节)实现仿生偏振光导航,详细的算法及分析请参考 2.3 节和 2.4 节。

2.2 大气散射理论与天空偏振模式

▶ 2.2.1 瑞利散射模型

天空偏振模式是太阳光经过粒子散射后,产生的偏振光在天空中形成的特殊分布模式,具有显著的分布规律[29]。晴朗的天气条件下,散射粒子主要由大气分子组成,其尺寸远小于光的波长(大约小 3 个数量级)[89,90],因此,可以用一阶瑞利散射模型描述晴朗天气下的大气散射过程,即散射光的 E 矢量(光波中的电振动矢量)方向垂直于散射面,如图 2.2 所示。

图 2.2 中,O 表示观测者的位置,S 表示太阳在天球上的方向,用天顶角 γ_S 和方位角 α_S 描述,其中天顶角与高度角互为余角;P 代表观测方向,其天顶角和方位角分别为 γ 和 α;ϕ 为该入射光的偏振角,θ 为散射角。定义如下右手直角坐标系[29]。

相机坐标系($OX_cY_cZ_c$):X_c 轴和 Y_c 轴分别沿 CCD 传感器的横向和纵向,Z_c 轴为相机的光轴。系统经过调平后,Z_c 轴将指向天顶方向。

入射光坐标系($O_iX_iY_iZ_i$):其 Z_i 轴指向观测方向,X_i 轴位于观测方向所在的竖直平面(OPP')内,Y_i 轴与 X_i 轴和 Z_i 轴构成右手直角坐标系。为避免图形过于复杂,图 2.2 中没有标出 Y_i 轴。

根据一阶瑞利散射模型,散射光的偏振度为[91]

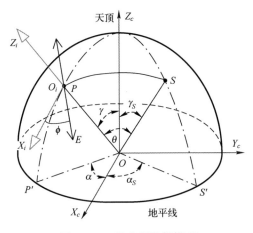

图 2.2　一阶瑞利散射模型

$$d = \frac{\sin^2\theta}{1+\cos^2\theta} \qquad (2.9)$$

式中:θ 为散射角。

太阳方向矢量和观测方向矢量在相机坐标系中可以表示为

$$\overrightarrow{OS^c} = \begin{bmatrix} \sin\gamma_S\cos\alpha_S & \sin\gamma_S\sin\alpha_S & \cos\gamma_S \end{bmatrix}^{\mathrm{T}} \qquad (2.10)$$

$$\overrightarrow{OP^c} = \begin{bmatrix} \sin\gamma\cos\alpha & \sin\gamma\sin\alpha & \cos\gamma \end{bmatrix}^{\mathrm{T}} \qquad (2.11)$$

由式(2.10)和式(2.11)可以求得散射角 θ 为

$$\cos\theta = \overrightarrow{OS^c} \cdot \overrightarrow{OP^c} = \sin\gamma_S\sin\gamma\cos(\alpha-\alpha_S) + \cos\gamma_S\cos\gamma \qquad (2.12)$$

结合式(2.9)和式(2.12)即可解算出观测方向的理论偏振度 d。入射光的偏振角 ϕ 定义为其 $\boldsymbol{E}$ 矢量方向相对于 X_i 轴的夹角,如图 2.2 所示。根据瑞利散射模型,散射光的 $\boldsymbol{E}$ 矢量方向 $\overrightarrow{PE}$ 在相机坐标系中的表示为

$$\overrightarrow{PE^c} = \overrightarrow{OS^c} \times \overrightarrow{OP^c} = \begin{bmatrix} \sin\alpha_S\sin\gamma_S\cos\gamma - \sin\alpha\cos\gamma_S\sin\gamma \\ \cos\alpha\cos\gamma_S\sin\gamma - \cos\alpha_S\sin\gamma_S\cos\gamma \\ \sin(\alpha-\alpha_S)\sin\gamma_S\sin\gamma \end{bmatrix} \qquad (2.13)$$

方向余弦矩阵 $\boldsymbol{C}_c^i$ 表示从相机坐标系到入射光坐标系的转换矩阵[51],即

$$\boldsymbol{C}_c^i = \begin{bmatrix} \cos\gamma & 0 & -\sin\gamma \\ 0 & 1 & 0 \\ \sin\gamma & 0 & \cos\gamma \end{bmatrix} \begin{bmatrix} \cos\alpha & \sin\alpha & 0 \\ -\sin\alpha & \cos\alpha & 0 \\ 0 & 0 & 1 \end{bmatrix} \qquad (2.14)$$

则散射光的 $\boldsymbol{E}$ 矢量方向 $\overrightarrow{PE}$ 在入射光坐标系中可以表示为

$$\overrightarrow{PE}^i = \mathbf{C}_c^i \, \overrightarrow{PE}^c = \begin{bmatrix} -\sin(\alpha-\alpha_S)\sin\gamma_S \\ \cos\gamma_S\sin\gamma-\sin\gamma_S\cos\gamma\cos(\alpha-\alpha_S) \\ 0 \end{bmatrix} \tag{2.15}$$

可得入射光偏振角 ϕ 为

$$\tan\phi = \frac{\cos\gamma_S\sin\gamma-\sin\gamma_S\cos\gamma\cos(\alpha-\alpha_S)}{-\sin(\alpha-\alpha_S)\sin\gamma_S} \tag{2.16}$$

因此,根据式(2.9)和式(2.16)即可求解基于一阶瑞利散射模型的天空偏振模式(包括偏振度 d 和偏振角 ϕ)。

 ### 2.2.2 天空偏振光测量装置

为了验证天空偏振模式的稳定性及其与一阶瑞利散射模型的吻合程度,从而评估其在偏振光导航中的应用前景,本节设计了天空偏振光测量装置,实现对天空偏振模式的测量。

天空偏振光测量装置及其原理图如图 2.3 所示,其核心部件包括一个 CCD 相机、一个鱼眼镜头和一个线偏振片。相机中的 CCD 芯片为 ICX-445AQA(Sony),有效像素为 960×1280,与鱼眼镜头($F=1.6$;焦距 1.8mm)搭配后,可以实现 185° 的观测视角。实验中所用的线偏振片为 LPVISE200-A(Thorlabs),其消光比在 650nm(红光波段)可达 9000 以上,将其安装在偏振片架 LM2-A(Thorlabs)和 LM2-B(Thorlabs)上,可以实现偏振片的手动旋转及旋转角度测量。受镜头前方偏振片的约束,传感器的视场角缩小为 110°。

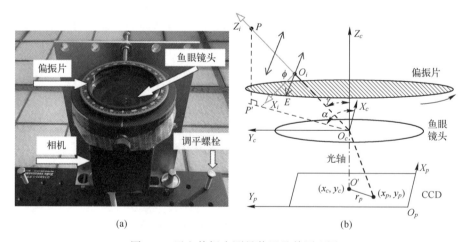

(a)   (b)

图 2.3　天空偏振光测量装置及其原理图

(a) 天空偏振光测量装置;(b) 结构原理图。

为了建立图像中每一个像素点(x_p,y_p)与观测方向$\overrightarrow{OP}$的对应关系,需要对相机进行标定,关于相机内参数模型的定义请参考式(3.11)。需要特别指出的是,针对这款鱼眼镜头的特点,其切向畸变远小于径向畸变(约为其 3‰),特别将镜头的畸变参数 kc 定义为

$$r_d=(1+kc(1)\gamma^2+kc(2)\gamma^4+kc(3)\gamma^6+kc(4)\gamma^8)\gamma \qquad (2.17)$$

式中:γ 为入射光的离轴角(Off-axis Angle);r_d 为投影点(x_p,y_p)到主点(x_c,y_c)的距离 r_p 经过归一化后的结果,如图 2.3 所示。

将相机对着棋盘标定板,从不同的视角进行采样,按照文献[92]中的步骤进行相机的标定,结果如图 2.4 所示,图像经过校正后可将畸变消除,从而建立各像素点与观测方向的对应关系。图中的圆圈为 110°视角的边界线,即加装偏振片后相机的视场。

(a)   (b)

图 2.4   相机标定结果

(a)原始图像;(b)校正后图像。

相机的内参数标定结果如下。

焦距(像素)为

$$f_c=\begin{bmatrix} 479.65 & 479.73 \end{bmatrix}\pm\begin{bmatrix} 1.60 & 1.51 \end{bmatrix}$$

主点(像素)为

$$\begin{bmatrix} x_c & y_c \end{bmatrix}=\begin{bmatrix} 644.95 & 477.57 \end{bmatrix}\pm\begin{bmatrix} 0.42 & 0.34 \end{bmatrix}$$

非正交系数为

$$\alpha_c=0.00033\pm0.00021\Rightarrow\text{横纵轴夹角}=89.981°\pm0.012°$$

镜头畸变为

$$kc=\begin{bmatrix} 0.02296 & -0.02322 & 0.01347 & -0.00347 \end{bmatrix}$$

重投影误差(像素)为

$$err = [\ 0.207 \quad 0.209\ ]$$

根据相机的标定结果即可建立图像中各像素点 (x_p, y_p) 与观测方向 $\overrightarrow{OP}$ 的对应关系,观测方向 $\overrightarrow{OP}$ 的离轴角 γ 和方位角 α 可以表示为

$$\tan\gamma = \frac{\sqrt{(x_p - x_c)^2 + (y_p - y_c)^2}}{f_c} \qquad (2.18)$$

$$\tan\alpha = \frac{y_p - y_c}{x_p - x_c} \qquad (2.19)$$

 ### 2.2.3　天空偏振模式测量结果

将天空偏振光测量装置放置在楼顶并调平,每次实验采集 13 张照片,对应的偏振片角度分别为 $0°,30°,60°,\cdots,360°$,前 6 幅照片如图 2.5(a)所示,随着检偏器的转动,测量的图像亮度变化非常明显,这表明入射光具有很高的偏振度。13 张照片的采集用时小于 1min(约 55s),因此,认为在这段时间内天空偏振模式保持稳定。所有采集的图像都利用上文中的标定参数进行校正,然后,通过一个维纳滤波(5×5)对图像进行平滑,从而抑制 CCD 噪声对偏振模式测量的影响。

天空偏振模式的测量结果如图 2.5(b)、(d)所示,而根据一阶瑞利散射模型计算得到的偏振角模式和偏振度模式分别如图 2.5(c)、(e)所示。结果表明,偏振角模式的测量结果与一阶瑞利散射模型非常接近,而偏振度的测量值与理论值有较大偏差,测量的偏振度模式中最大值约为 60%,远小于理论最大值(100%),这主要是由于多次散射的退偏振效应引起的;然而,实测的偏振度模式的纹理变化与理论值非常接近,如图 2.5(d)、(e)所示。

以上结果表明,太阳方向矢量蕴含在天空偏振模式中。因此,天空偏振模式可以作为太阳罗盘实现载体的定向,而该过程不需要直接观测太阳,确切地说,只需要观测天空中一小块区域的偏振模式即可实现定向。

实测偏振角与理论偏振角的偏差 $\delta\phi$ 如图 2.6 所示。偏差的整体模式如图 2.6(a)所示,较大的偏差多分布在靠近太阳视线方向(及其反方向),即偏振度较低的区域。偏振角偏差的概率分布如图 2.6(b)中的实线所示,偏差小于 5° 的区域占比为 90%,约 40% 的区域中偏振角的偏差小于 1°,结果表明,测量的偏振模式与理论模型非常吻合。图 2.6(b)中的虚线表示的是基于 3 张照片(对应的检偏器角度为 0°,60°,120°)解算得到的偏振模式结果。两条曲线的对比结果表明,基于冗余观测(13 张图片)可以显著提高测量精度。

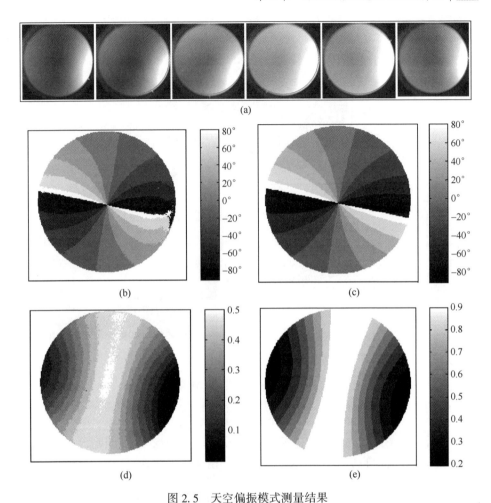

图 2.5　天空偏振模式测量结果

（a）不同检偏器角度对应的天空图像；（b）偏振角模式（测量）；（c）偏振角模式（理论）；
（d）偏振度模式（测量）；（e）偏振度模式（理论）。

图 2.6（a）中的偏差主要来自两个部分：其一，传感器的测量误差，由 CCD 感光系数的非线性、CCD 测量噪声、检偏器旋转角度误差等因素引起，图 2.6（b）中两条曲线的不一致即从侧面反映了这个问题；其二，瑞利散射模型与真实的天空偏振模式存在一定的偏差，可考虑采用多次散射模型对天空偏振模式进行更精确的描述[90,93]。

偏振角偏差 $\delta\phi$ 与偏振度 d 的关系如图 2.6（c）所示，偏振角的偏差随着偏振度 d 的增加而减小，当偏振度 $d>30\%$ 时，平均偏差小于 1.6°，因此，可以用偏振度来评估偏振光导航的可用性。

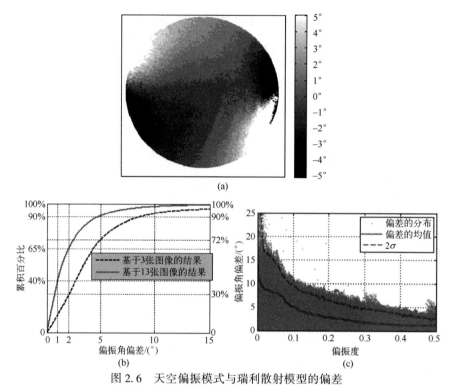

图 2.6　天空偏振模式与瑞利散射模型的偏差

（a）测量的偏振角模式与瑞利散射模型的偏差；（b）偏振角偏差的分布；

（c）偏振角偏差与偏振度的关系。

多云天气条件下的天空偏振模式如图 2.7 所示,结果表明,与晴天相比,此时的偏振角模式受到的扰动更大,偏离一阶瑞利散射模型更多;然而,天空中无云的区域与模型符合得较好,且整体的偏振模式中可以提取出太阳子午线,进而确定太阳的方位,这说明了在多云天气条件下利用偏振光进行导航的可行性。

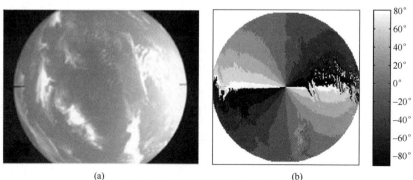

图 2.7　多云天气下天空偏振模式

（a）多云的天空图像；（b）测量的偏振角模式。

2.3　单点式光罗盘定向算法及误差分析

偏振光传感器并不能直接输出载体的航向角,其测量得到的是偏振光传感器参考方向与入射光 E 矢量的夹角,而目前所了解到的偏振光导航在移动机器人的应用中,均认为偏振光传感器为水平安装的,从而简化了航向角的计算过程[94]。然而,在实际应用中,偏振光传感器通常与载体系固联安装,在车辆爬坡或者飞机爬升、转弯过程中,会有明显的俯仰或者倾斜运动,偏振光传感器不可能始终保持水平[94]。因此,本节研究了在两个水平角不为零的情况下,根据偏振角求解载体航向角的计算方法,分析了各种误差源及其对航向角估计精度的影响。

2.3.1　偏振光定向算法

本书中选择北-东-地地理坐标系为导航系(n 系)、前-右-下坐标系为载体系(b 系)。导航系到载体系的旋转关系如下:先绕 Z_n 轴转动 ψ 角,再绕 Y_n' 转动 p 角,最后绕 X_n'' 转动 r 角。载体系相对导航系的方位即为载体的姿态,相应的 3 个姿态角称为滚动角、俯仰角和航向角(r、p、ψ)。书中用 $\boldsymbol{C}_n^b$ 表示导航系到载体系的方向余弦矩阵[94]。

单点式偏振光传感器的工作原理可参考文献[5,6,47],其测量输出为传感器参考方向与入射光 E 矢量方向(最大偏振方向)的夹角,即偏振角 ϕ,如图 2.8 所示。定义传感器测量坐标系(m 系)如下:X_m 为传感器参考方向,该方向是传感器内偏振片安装方向的基准,Z_m 为传感器观测方向,$O\text{-}X_mY_mZ_m$ 构成右手坐标系。为避免图形过于复杂,图 2.8 中 Y_m 轴没有标出[94]。

偏振光传感器与载体固联安装,$\boldsymbol{C}_b^m$ 表示载体系到测量系的方向余弦矩阵。取 X_m 与 X_b 重合,Z_m 沿 Z_b 的反方向,即传感器的视线方向沿载体系 Z 轴的反方向,当载体水平时,传感器视线方向竖直向上,则 $\boldsymbol{C}_b^m$ 表示为

$$\boldsymbol{C}_b^m = \begin{bmatrix} 1 & 0 & 0 \\ 0 & -1 & 0 \\ 0 & 0 & -1 \end{bmatrix} \qquad (2.20)$$

根据偏振光传感器测量的偏振角 ϕ 可以得到入射光 E 矢量方向在 m 系中的表示为

$$\boldsymbol{a}_E^m = [\cos\phi, \sin\phi, 0]^{\mathrm{T}} \qquad (2.21)$$

传感器的视线方向在 m 系中可以表示为

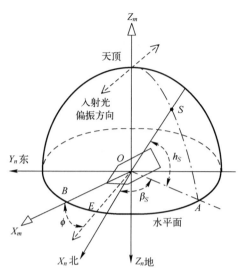

图 2.8　仿生偏振光定向原理图

$$a_l^m = [0,0,1]^T \tag{2.22}$$

根据瑞利散射模型,入射光的最大偏振方向(E 矢量)垂直于视线方向和太阳所确定的平面,即有

$$a_E^m = k a_l^m \times a_S^m \tag{2.23}$$

式中:k 为常数,使得等式两边模值相等;a_S^m 为太阳视线方向在 m 系中的单位矢量。太阳位置通常在导航系下表示,用方位角 β_S 和高度角 h_S 描述,如图 2.8 所示。太阳方位角和太阳高度角的计算方法可参考文献[95]。

太阳视线方向在导航系下的坐标分量可以表示为

$$a_S^n = [\cos h_S \cos\beta_S \quad -\cos h_S \sin\beta_S \quad -\sin h_S]^T \tag{2.24}$$

因此,可以得到

$$a_E^m = k a_l^m \times C_b^m C_n^b a_S^n \tag{2.25}$$

为说明偏振光传感器确定航向角的原理,假设其水平放置,观测方向为竖直向上。如图 2.8 所示,$\overrightarrow{OZ_m}$ 方向为观测方向,$\overrightarrow{OS}$ 为太阳方向,太阳的高度角和相对于北向的方位角分别为 h_S 和 β_S。偏振光传感器输出的偏振角为载体参考方向与 E 矢量的夹角 $\angle BOE$,根据瑞利散射模型可知,E 矢量 $\overrightarrow{OE}$ 垂直于观测方向 $\overrightarrow{OZ_m}$ 与太阳方向 $\overrightarrow{OS}$ 所在的平面。因此,对于水平放置的偏振光导航传感器,这里有 $\angle AOE = 90°$。考虑到求解航向角时存在一个相差 $180°$ 的模糊解,可得导航系下的载体航向角 ψ 为

$$\psi = -(\beta_S - \phi - 90°) \text{ 或 } \psi = -(\beta_S - \phi + 90°) \tag{2.26}$$

式(2.26)描述的即为载体水平时的定向结果,此时,载体航向角的求解与

太阳高度角并没有直接关系,但是在下文的分析中将会看到,航向角的求解精度受太阳高度角的直接影响。

在实际应用中,偏振光传感器通常与载体固联安装,偏振光传感器不会始终保持水平,下面将讨论在载体倾斜条件下,根据偏振角来求解载体航向角的计算方法。由式(2.25)整理得到

$$\frac{\cos\phi}{\sin\phi} = \frac{\sin r\sin p\cos(\psi+\beta_S) - \cos r\sin(\psi+\beta_S) - \sin r\cos p\tan h_S}{\cos p\cos(\psi+\beta_S) + \sin p\tan h_S} \quad (2.27)$$

为求解该式,令

$$A = \cot\phi\cos p - \sin r\sin p$$

$$B = \cos r \quad (2.28)$$

$$C = (\cot\phi\sin p + \sin r\cos p)\tan h_S$$

可得

$$A\cos(\psi+\beta_S) + B\sin(\psi+\beta_S) + C = 0 \quad (2.29)$$

即有

$$\sin(\psi+\beta_S+\rho) = \frac{-C}{\sqrt{A^2+B^2}} \quad (2.30)$$

其中

$$\rho = \arctan2(A,B)$$

求解式(2.30)可得

$$\psi_1 = \arcsin\left(\frac{-C}{\sqrt{A^2+B^2}}\right) - \rho - \beta_S$$

$$\psi_2 = \pi - \arcsin\left(\frac{-C}{\sqrt{A^2+B^2}}\right) - \rho - \beta_S \quad (2.31)$$

至此,得到了根据偏振角求解载体航向角的计算方法,且在计算反三角函数时引入的模糊解刚好就是上文中提到的航向角的模糊解。当两个水平角均为 $0°$ 时,$C=0$,有 $\arcsin\left(\dfrac{-C}{\sqrt{A^2+B^2}}\right) = 0$,此时 ψ_1 与 ψ_2 相差 $180°$;然而,当两个水平角不为 $0°$ 时,该模糊度不一定是 $180°$,这与 3 个姿态角定义的旋转顺序是相关的。当两个水平角均不是很大时,ψ_1 与 ψ_2 差值在 $180°$ 附近。

2.3.2　航向角估计误差分析

当光罗盘提供的航向角信息与惯导、地磁等其他导航信息进行融合时,必须考虑各种信息的权重,以期实现最优的信息融合,因此,必须对航向角的估计

误差进行分析,以便实时分析仿生偏振光导航信息的可用性[94]。

在标准的大气偏振模型中,航向角估计误差来源于太阳位置误差、偏振光传感器误差、水平角误差等几种误差源的线性累加,即

$$\Delta\psi = \frac{d\psi}{d\beta_S}\Delta\beta_S + \frac{d\psi}{dh_S}\Delta h_S + \frac{d\psi}{d\phi}\Delta\phi + \frac{d\psi}{dr}\Delta r + \frac{d\psi}{dp}\Delta p \qquad (2.32)$$

根据相关文献[6,47,95],本书中取太阳方位角的误差为$10''$,太阳高度角误差为$2''$;晴朗的天空下,偏振光传感器误差为$0.2°$;水平角误差与载体选用的惯性器件的精度相关,本书中取为$0.1°$。根据式(2.32)即可实时评估仿生偏振光导航信息的质量,为多种导航信息的最优融合提供参考依据。

针对以上几种误差源,分别分析其对航向角误差的影响,以便找到主要的误差源,从而有针对性地改进和提高。

2.3.2.1 太阳位置误差的影响

太阳位置误差对航向角估计误差的影响为

$$\frac{d\psi}{d\beta_S} = -1 \qquad (2.33)$$

$$\frac{d\psi}{dh_S} = -\frac{C(\tanh_S + \coth_S)}{\sqrt{A^2 + B^2 - C^2}} = -\frac{(\cot\phi\sin p + \sin r\cos p)(\tan^2 h_S + 1)}{\sqrt{A^2 + B^2 - C^2}} \qquad (2.34)$$

从式(2.33)可以看出,太阳方位角的误差会等量地传递给航向角估计误差,引起的航向角估计误差约为$0.0027°$。

从式(2.34)可以得出,当两个水平角均为$0°$时,$C=0$,有$d\psi/dh_S=0$,此时,太阳高度角误差对航向角的估计精度没有影响,这与上文中的结论相一致。在实际应用中,两个水平角不可能始终为$0°$,随着水平角的增大,太阳高度角误差引起的航向角估计误差增大。当太阳高度角$h_S=90°$时,其误差引起的航向角误差为无穷大,这表明,当太阳在天顶方向时,无法利用偏振光来确定载体的航向。

当水平角$r<30°$、$p<30°$,太阳高度角$h_S<50°$时,有$d\psi/dh_S<2$,此时,太阳高度角误差引起的航向角估计误差小于$0.0011°$,因此,由太阳位置误差引起的航向角估计误差小于$0.004°$,该影响可以忽略。

需要特别说明的是,太阳方位角和高度角的估计精度受载体定位误差以及时间误差(钟差)的影响。在中纬度地区,若载体的定位误差为$1km$,则导致的太阳位置误差可达$0.01°$;若系统的时间误差为$1s$,则对应的太阳位置误差约为$0.004°$。因此,在评估太阳位置误差对于偏振光定向精度的影响时,需要针对具体的应用环境,综合考虑载体的定位误差以及系统钟差。

2.3.2.2　偏振光传感器误差的影响

偏振光传感器输出的数据是偏振角,为分析传感器精度对航向角估计精度的影响,有必要分析偏振角测量误差的影响。当两个水平角均为 0 时,$\psi_1 = -(\alpha_s-\phi-90°)$ 或 $\psi_2 = -(\alpha_s-\phi+90°)$,此时,$d\psi/d\phi=1$,即偏振角测量误差对航向角估计精度的影响系数为 1。当载体倾斜时,随着水平角的增大,偏振角测量误差对航向角估计误差的影响曲线如图 2.9 所示(取 $h_s=50°$)。

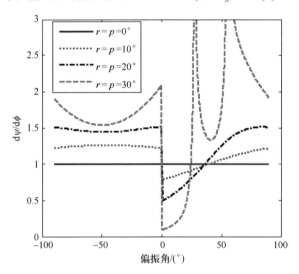

图 2.9　传感器测量误差对航向角估计误差的影响

从图 2.9 中可以看出,当 $h_s=50°$、$r<20°$、$p<20°$ 时,有 $d\psi/d\phi<1.5$,这表明,偏振角误差引起的航向角估计误差较小,影响系数在 1 附近徘徊。当载体水平角较小时,传感器的测量误差会几乎等量地传递给航向角估计误差,因此,由仿生传感器误差引起的航向角误差约为 0.2°。

2.3.2.3　水平角误差的影响

当载体的动态较大时,水平角的估计精度较差,因此,分析水平角误差对航向角估计精度的影响是很有必要的。取太阳高度角 $h_s=0°$,此时具有最佳的航向估计精度。当载体倾斜时,在不同的水平角条件下,滚动角误差和俯仰角误差对载体航向估计精度的影响如图 2.10 所示(取偏振角 $\phi=80°$),图中的横、纵坐标分别表示载体倾斜时滚动角、俯仰角的角度,图中用不同的灰度表示不同的影响系数。

从图 2.10 中可以看出,在水平角小于 10° 时,水平角误差的影响系数小于 0.1;当水平角达到 30° 时,其误差的影响系数达到了 0.5 以上,此时,航向角的估计精度相对差一些。若取太阳高度角为 50°,则水平角误差对航向角误差的影响系数可以达到 2.5 以上;当太阳高度角为 90°时,该系数趋于无穷大,此时,偏振光定向不可用。这可以解释为何候鸟在迁徙时总是在日出和日落的时刻使用偏振光信息,因为此时的太阳高度角约为 0,航向估计精度最高。

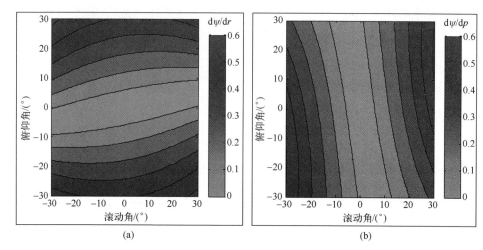

图 2.10　水平角误差对航向角估计误差的影响

(a)滚动角误差的影响系数;(b)俯仰角误差的影响系数。

2.4　阵列式光罗盘定位定向算法

2.3 节中推导了基于单点式光罗盘的定向算法,然而,这种方法容易受到环境干扰,鲁棒性较差,因为它采样一次只能测量一个方向上的偏振信息。生物行为学的研究表明,沙蚁等动物的偏振光导航依赖于全天域大气偏振模式[29,96],因此,对这种导航模式进行探究具有重要意义。在下文的内容中,主要基于阵列式光罗盘的导航算法开展研究。

图 2.3 中设计的天空偏振光测量装置可以认为是一种初级的阵列式光罗盘,然而,在其测量的过程中,需要手动旋转镜头前面的偏振片,因此,不适用于动态环境中的实时导航[97]。目前,国内外关于阵列式偏振光传感器的研究主要分为以下几类。

(1)时间分割型,即旋转偏振片的形式,见 2.2 节。

(2)多相机联合型,见 3.2 节。

(3)焦平面分割型,见 3.4 节。

（4）幅值分割型,见文献[98,99]。

（5）光圈分割型,见文献[100,101]。

本书中详细研究了前 3 种类型的传感器,关于后 2 种传感器的更多信息请参考相关文献[98-101]。

阵列式光罗盘可以同时测量整个视场区域的偏振信息[87,102],相当于多个单点式的偏振光传感器同时朝向不同的方向进行测量,据此,可以估计出太阳在天球上的位置(该过程不需要直接观测太阳),即太阳方向矢量,包括太阳方位角(主要用于偏振光定向)和太阳高度角(主要用于偏振光定位)。本节中将详细介绍基于阵列式光罗盘的定位定向算法,从而有效利用全天域的偏振光信息,提高偏振光导航精度。

2.4.1　太阳方向矢量的估计

根据一阶瑞利散射模型,散射光的 E 矢量(光波中的电振动矢量)方向垂直于散射面,如图 2.11 所示。图中 N 表示地理北向,β_S 为太阳相对于地理北向的方位角,α_S 表示太阳在载体坐标系(即相机坐标系)中的方位角,载体相对于真北的航向角为 $\psi = \beta_S - \alpha_S$,其余的符号定义与图 2.2 相同,在此不再赘述。

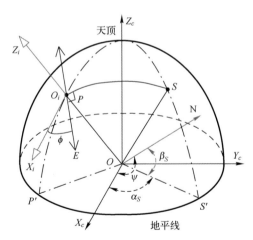

图 2.11　阵列式偏振光传感器定位定向原理图

本节中涉及的相机坐标系($OX_cY_cZ_c$)和入射光坐标系($O_iX_iY_iZ_i$)的定义请参考 2.2 节中的相关内容及图 2.2。图像中的每一个像素点(x_p,y_p)都与某一方向的入射光相对应(γ,α),对于校正后的图像,其对应关系可以表示为式(2.18)和式(2.19)。

对于 P 方向的入射光, 其偏振角 ϕ 可以由偏振视觉传感器测量得到, 其 E 矢量方向在相机坐标系中可以表示为

$$e^c = C_c^{iT} e^i = C_c^{iT} [\cos\phi \quad \sin\phi \quad 0]^T \qquad (2.35)$$

方向余弦矩阵 C_c^i 的定义见式 (2.14)。

根据一阶瑞利散射模型, E 矢量与太阳方向矢量 s 相互垂直, 即有

$$e^T s = 0 \qquad (2.36)$$

因此, 太阳方向矢量可以通过两个不相关的 E 矢量估计得到, 即

$$s = e_i \times e_j \qquad (2.37)$$

实际上, 对于本书中使用的多目偏振视觉传感器, 偏振态的有效像素点数有 80 余万个, 且它们对应的 E 矢量大多数是不相关的。定义 $E = [e_1 \quad \cdots \quad e_M]_{3\times N}$, 其中 N 为有效像素点的个数, 可以得到

$$E^T s \approx 0_{N\times 1} \qquad (2.38)$$

实际测量中, 由于误差的存在, 太阳方向矢量 s 的最优估计可以表示为如下的优化问题, 即

$$\min_s (s^T E E^T s), \text{s. t. } s^T s = 1 \qquad (2.39)$$

为求解上述优化问题, 定义如下方程

$$L(s) = s^T E E^T s - \lambda (s^T s - 1) \qquad (2.40)$$

式中: λ 为一个任意实数。将式 (2.40) 对 s 求导并令其等于零可得

$$(E E^T - \lambda I) s = 0 \qquad (2.41)$$

式 (2.41) 表明 s 的最优估计为 $(E E^T)_{3\times 3}$ 的特征矢量, λ 为其对应的特征值。将式 (2.41) 代入式 (2.40) 可得

$$L(s) = \lambda \qquad (2.42)$$

因此, 太阳方向矢量 s 的最优估计是: 矩阵 $(E E^T)$ 的最小特征值所对应的特征矢量。

根据已经估计得到的太阳方向矢量 s, 可以求得太阳的天顶角 γ_S 和太阳在载体系中的方位角 α_S, 即

$$\gamma_S = a\cos(s_3), \alpha_S = a\tan(s_2/s_1) \qquad (2.43)$$

下文中, 将详细介绍基于太阳天顶角 γ_S 和太阳方位角 α_S 的定位定向算法。

▶ 2.4.2 定位定向算法

偏振视觉定位的基本原理类似于航海中使用的天文定位方法。2012 年, 王

光辉等[103]分析了偏振光天文导航的定位能力;随后,程珍等[104]提出了一种基于天空偏振光、地球与太阳相对位置关系的自定位方法;同时,褚金奎教授[105]提出了一种基于偏振光和磁航向的天文定位算法。在惯性导航和无线电导航出现之前,简单实用的天文导航是航海的唯一导航手段,天文定位的基本原理如图 2.12 所示。

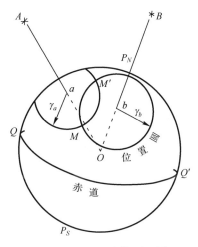

图 2.12   天文定位原理图

假设 A、B 为两个已知的天体,天体 A、B 和地心 O 的连线与地球表面交于 a、b,这两个交点称为天体星下点,星下点的坐标可以通过天文年历得到。如果能测出载体到星下点的地心角分别为 γ_a 和 γ_b,则以 a、b 为极点,分别以 γ_a、γ_b 为半径,在球面上作出两个等高圆,它们交于 M 和 M' 两点。这两点何者为真实位置,就是所谓的模糊度问题,通常可以根据载体的先验位置信息判断,也可通过观测多颗星判断,如文献[106]中建立了三视场天文定位定向系统。

在实际应用中,天体高度角的测量误差即相当于等高圆半径的不确定度,双星定位的均方误差可以近似地表示为

$$\varepsilon_M = \frac{\sqrt{\varepsilon_{\gamma_A}^2 + \varepsilon_{\gamma_B}^2}}{\sin(\alpha_A - \alpha_B)} \tag{2.44}$$

式中:ε_M 为定位误差圆的半径;ε_{γ_A}、ε_{γ_B} 分别为两个天体高度角的测量误差;α_A、α_B 为两个天体的方位角;$(\alpha_A - \alpha_B)$ 为所观测天体的空间几何分布特征。若载体与两个天体的投影点共线,则 $\sin(\alpha_A - \alpha_B) = 0$,此时,双星定位误差为无穷大;若 $\alpha_A - \alpha_B = 90°$,即两个投影点相对于测量点的方位角差值为 $90°$,则有 $\varepsilon_M =$

$\sqrt{\varepsilon_{h_A}^2 + \varepsilon_{h_B}^2}$。因此,选择具有较好空间几何分布特征的观测天体,可以有效地减小定位误差[29]。

上面所观测的两个天体也可以通过在不同的时刻观测同一个天体来实现。通过测量天空偏振模式,按照式(2.39)可从中提取出太阳方向矢量 s,进而求解出太阳的天顶角 γ_S 和太阳在载体系中的方位角 α_S,详见式(2.43)。

对于 k 次偏振模式测量,得到 $\gamma_{S1}, \gamma_{S2}, \cdots, \gamma_{Sk}$,根据天文年历可以计算出太阳在这些时刻对应的星下点,即得到太阳方向矢量在地球坐标系中的表示: t_1, $t_2, \cdots, t_k$。设待估计的载体经纬度坐标为 (l, L),其在地球坐标系中的方向矢量可以表示为 $p = [\cos L \cos l \quad \cos L \sin l \quad \sin L]^T$,则载体位置的最优估计为

$$\min_{(l,L)} \Big(\sum_{i=1}^{k} (t_i \cdot p - \cos\gamma_{Si})^2 \Big) \tag{2.45}$$

这是一个典型的非线性最小二乘优化问题,可以通过迭代求解。式(2.45)中载体位置的估计误差主要由以下 3 个方面引起。

(1)时钟误差。它会引起太阳对应的星下点位置产生偏差,进而导致载体的定位误差;理想条件下,若时钟误差为 1s,则其导致的载体定位误差约为 0.5km。

(2)太阳高度角误差。其主要由传感器测量误差引起,理想条件下,0.1° 的太阳高度角误差引起的定位误差约为 11km。

(3)采样过程中太阳时角的变化量 ΔT,其物理意义类似于式(2.44)中的 $(\alpha_A - \alpha_B)$,它将使得载体的定位误差扩大为理想条件下的 $1/\sin(\min[90°, \Delta T])$ 倍。

当载体的位置估计出以后(或者通过其他方式得到粗略的位置,如航迹推算),就可以计算出太阳在当地地理坐标系中的方位角 β_S,结合式(2.43),即可解算出载体在地理系中的航向角 ψ,即

$$\psi = \beta_S - \alpha_S \tag{2.46}$$

至此,完成了基于区域天空偏振模式实现载体定位定向的算法推导工作。

本节中提出的基于特征向量的太阳方位最优估计方法(见式(2.39)),可以综合利用视场范围内的偏振信息,因此,比传统的单点式测量方法鲁棒性更好、定向精度更高,详见 3.3.2 节中的相关实验和对比分析。该方法的本质是最小二乘估计的一种形式,它不适用于视场受到严重遮挡的情况(异常数据过多),针对这一问题,在 5.2.2 节中将会提出一种基于 RANSAC 的太阳方向矢量估计算法,详见表 5.3。

实际上,天空偏振模式建立了当地地理位置和载体航向角间的约束关系

(假设载体的水平角和系统时间是已知的)。在利用偏振光罗盘进行定向时,需要已知载体的位置信息(或者已知粗略的位置,位置精度对于定向误差的影响请参考 2.3.2 节)。反过来,若已知载体的航向(如通过磁罗盘获得),则根据测量的天空偏振模式可以求解出载体的位置信息,且该过程仅需一次采样结果即可实现,关于光磁复合定位的详细算法,请参考文献[105]。若初始位置和初始航向信息均未知,则需要通过在不同时刻多次测量天空偏振模式,而后根据式(2.45)估计载体的位置,该过程需要一个时间跨度(建议 1h 以上),因此,不能实现实时的定位。系统的工作流程如图 2.13 所示。

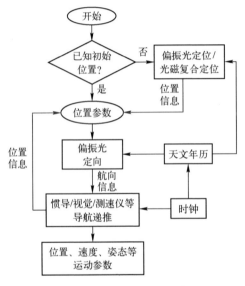

图 2.13　偏振视觉定位定向工作流程图

为了能实现对天空中大片区域的实时测量,本书将在第 3 章中开展阵列式偏振视觉传感器的设计工作。基于区域天空偏振模式实现载体定位定向的算例及结果分析请参考 3.3 节中的相关内容。

2.5　本 章 小 结

本章首先介绍了偏振光的基本性质以及检测偏振光的基本原理,推导了冗余观测条件下偏振模态的最小二乘估计的方法。其次,分析了基于一阶瑞利散射模型的天空偏振模式,并设计了天空偏振光测量装置开展了实验验证,结果表明,偏振角模式的测量结果与一阶瑞利散射模型非常接近,而偏振度的测量值与理论值的偏差较大,且偏振角的偏差随着偏振度的增加而减小,因此,可以用偏振度评估偏振光导航的可用性。然后,推导了载体倾斜条件下基于单点式偏振光传感器的定向算法,并进行了航向角估计误差分析,根据误差分析结果可实时评估航向角信息的误差范围,为多源导航信息的最优融合提供参考依据。最后,针对阵列式偏振视觉传感器,提出了基于特征矢量的太阳方向矢量最优估计方法,推导了基于天空偏振模式的定位定向算法,该方法通过综合利用视场范围内整个区域的偏振信息,从而提高估计精度和鲁棒性。

第 3 章　多目偏振视觉传感器设计与标定

偏振视觉传感器是实现仿生偏振光导航的核心器件,主要可以分为两大类:点测量式和图像测量式。前者一次采样只能测量一个方向上的偏振信息,因此容易受到环境的干扰,鲁棒性不强;最近的研究更侧重于图像测量式的偏振视觉传感器,因为它可以同时测量视场范围内整个区域的偏振信息。偏振视觉传感器完成对入射光参数的测量工作,在此基础上,结合偏振光定向算法,即构成偏振光罗盘。

本章针对多目偏振视觉传感器的设计、集成、标定和测试等内容开展研究。首先,基于偏振光检测的基本原理,开展了检偏器角度优化设计;其次,针对多目偏振视觉传感器的设计及其标定方法进行了详细的研究;然后,基于该传感器验证了第 2 章中提出的阵列式光罗盘定位定向算法;最后,详细介绍了基于像素偏振片的微阵列式光罗盘设计与集成过程,建立了传感器测量误差模型并分析了集成时对准误差的允许范围,通过室外实验评估了光罗盘的定向精度。

3.1　检偏器角度优化设计

在 2.1 节中已介绍了偏振光的基本概念及其检测原理,详见式(2.5)和式(2.8),增加采样次数 N 可以减少测量噪声对参数估计的影响。实时的导航应用中,在 N 一定的情况下,需要优化配置检偏器的角度,从而提高测量精度。本节中首先针对 3 次等间隔测量这一特殊问题开展研究,随后对 N 次任意位置测量的问题进行详细分析。

▶ 3.1.1　3 次等间隔测量

为分析方便,首先对该问题进行简化,假设在采样的 3 个时刻检偏器的角度分别为 $\phi_1 = -\beta$, $\phi_2 = 0°$, $\phi_3 = \beta$, $0 < \beta < \pi/2$。根据式(2.5)可计算得到偏振角为

$$\hat{\phi} = \frac{1}{2}\arctan2\left(\frac{f_3 - f_1}{\sin 2\beta}, \frac{2f_2 - f_1 - f_3}{1 - \cos 2\beta}\right) \tag{3.1}$$

为寻找最优的 β 使得偏振角 ϕ 的估计误差最小化，定义如下目标函数，即

$$\min_{0<\beta<\frac{\pi}{2}} J = \int_0^\pi \sum_{j=1}^3 \left(\frac{\partial \phi}{\partial f_j}\Delta f_j\right)^2 d\phi \tag{3.2}$$

式中：$\dfrac{\partial \phi}{\partial f_j}\Delta f_j$ 为第 j 次采样误差 Δf_j 引起的偏振角估计误差；$\sum\limits_{j=1}^3 (\ )^2$ 为误差的平方和；$\int_0^\pi (\ )d\phi$ 表示将各种偏振状态的入射光进行累加。

令 $\Delta f_1 = \Delta f_2 = \Delta f_3 = \Delta f$，则目标函数可以改写为

$$\min_{0<\beta<\frac{\pi}{2}} J = \frac{\pi \Delta f^2}{64K^2 I^2 d^2} \frac{2\sin^2\beta-3}{\sin^4\beta(\sin^2\beta-1)} \tag{3.3}$$

当 $\beta \to \pi/2$ 时，表明第一次采样与第三次采样相关，此时，有 $(\sin^2\beta-1)\to 0$，$J\to\infty$；当 $\beta \to 0$ 时，表明 3 次采样全部相关，此时，有 $\sin^4\beta\to 0$，$J\to\infty$。

根据极值存在的必要条件，可以得到

$$\frac{\partial J}{\partial \beta} = \frac{\pi \Delta f^2 \cos\beta(4\cos^4\beta+3\cos^2\beta-1)}{-32K^2 I^2 d^2 \sin^5\beta(\sin^2\beta-1)^2} = 0 \tag{3.4}$$

由式（3.4）可得 β 的最优解为

$$\beta^* = \frac{\pi}{3} \tag{3.5}$$

验证极值存在的充分条件可得

$$\frac{\partial^2 J}{\partial \beta^2} = \frac{\pi \Delta f^2(16\sin^6\beta-70\sin^4\beta+81\sin^2\beta-30)}{-32K^2 I^2 d^2 \sin^6\beta(\sin^2\beta-1)^2}\bigg|^{\beta=\frac{\pi}{3}} = \frac{20\pi \Delta f^2}{9K^2 I^2 d^2} > 0 \tag{3.6}$$

因此，$\beta^* = \pi/3$ 即为最优的 β 使得偏振角 ϕ 的估计误差最小。这也解释了一些昆虫复眼中偏振光感受区域的小眼排列规则，这些小眼区域间通常呈大约 60° 的夹角[5]。此时，入射光偏振角的周期（180°）刚好被 3 次采样时检偏器的位置等间距分割，该结论与文献[107,108]相一致。

令 $\Delta f=0.1$，$K=5/150000$，$I=40000$lux，$d=0.6$，则目标函数 J 随 β 的变化关系如图 3.1 所示。

图 3.1 表明，最小的目标函数 J 对应的 β 取值为 $\beta=60°$，该结果与式（3.5）相一致。当 $\beta \in [38°,77°]$ 时，有 $J<2$，文献中通常将 β 取为 45° 或 60°，此时，对应的目标函数值均较小。

为验证以上理论分析结果，将 CCD 相机置于偏振光源下方，在相机镜头前方放置一个可手动旋转的偏振片（检偏器），检偏器每旋转 15° 进行一次采样，共

计采样 24 次,其对应的检偏器角度分别为 $0°,15°,30°,\cdots,330°,345°$。从这 24 张图片中选取 3 张即可解算出入射光的参数,为保证每次采样具有相同的权重,则按照抽样序号 i 依次选取 3 张照片,它们对应的检偏器角度 (η_1,η_2,η_3) 满足如下规则,即

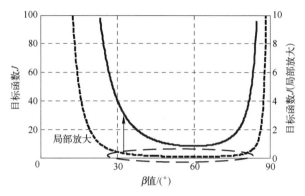

图 3.1　目标函数值变化曲线

$$(\eta_1,\eta_2,\eta_3)=(0,\beta,2\beta)+(i-1)\times 15°$$
$$i=1,2,\cdots,24;\beta=30°,45°,60°,75°$$
(3.7)

不同的检偏器角度对应的偏振角测量噪声如图 3.2 所示,可以看出,当 $\beta=60°$ 时,具有整体最优的估计结果,这与上文中的理论分析结果是一致的。另外,图中 4 条曲线均具有明显的 $180°(12\times 15°=180°)$ 周期特性,这是由于偏振角 ϕ 的周期即为 $180°$。

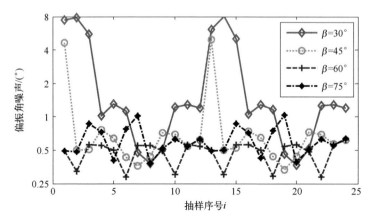

图 3.2　偏振角测量噪声曲线

▶▶▶ 3.1.2　*N* 次任意位置测量

前面讨论了一种简化后的优化问题,下面针对多次任意位置测量时检偏器角度的优化设计问题进行分析。回顾式(2.7),入射光的斯托克斯参量 S 可以通过求解线性方程组 $DS=F$ 得到,求解 S 的数值稳定性由矩阵 D 的条件数决定。如果 D 的条件数较大,则 F(光强的测量值)的微小扰动就会引起 S 较大的改变,数值稳定性差;如果 D 的条件数较小,F 有微小的改变时,S 随之的改变也很微小,数值稳定性好。同样,也可以理解为测量值 F 不变,而矩阵 D 有微小改变时(由检偏器的安装角误差引起),S 的数值稳定性情况。

矩阵的条件数 c 定义为其最大奇异值与最小奇异值的比值,即

$$c=\mathrm{cond}(\boldsymbol{D})=\mathrm{cond}\begin{pmatrix}\begin{bmatrix}1 & \cos2\phi_1 & \sin2\phi_1 \\ 1 & \cos2\phi_2 & \sin2\phi_2 \\ \vdots & \vdots & \vdots \\ 1 & \cos2\phi_N & \sin2\phi_N\end{bmatrix}\end{pmatrix} \tag{3.8}$$

首先分析 $N=3$ 的情况,不失一般性,假设 $\phi_1=0°$。此时,随着 ϕ_2、ϕ_3 取值的变化($\phi_2,\phi_3\in[0,180°]$),条件数 c 的变化如图 3.3(a)所示。图中,c 有两个极小值,它们对应的检偏器角度分别为($\phi_2=60°,\phi_3=120°$)和($\phi_2=120°,\phi_3=60°$)。

若取 $\phi_1=20°$,则条件数 c 的变化如图 3.3(b)所示,满足条件数 c 取极小值的检偏器角度分别为($\phi_2=80°,\phi_3=140°$)和($\phi_2=140°,\phi_3=80°$)。

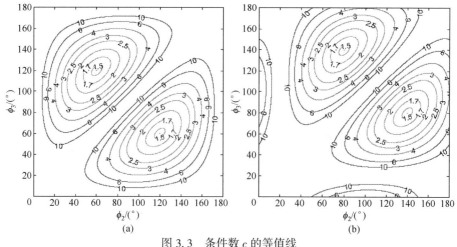

图 3.3　条件数 c 的等值线

(a) $\phi_1=0°$;(b) $\phi_1=20°$。

由以上分析可知,当 $N=3$ 时,最优的检偏器角度是:3 次测量对应的检偏器角度之差为 $60°$,即偏振角的周期($180°$)刚好被 3 次采样等间距分割。

对于 $N>3$ 的情况,随着采样次数 N 的增加,若采用图 3.3 中网格取样的方法——计算条件数 c,则计算量呈几何级数增加,且极小点的个数将按照阶乘的速度增加。在固定 $\phi_1=0°$ 的条件下,极小点的个数至少为 $(N-1)!$,幸运的是,图 3.3 中的结果表明这些极小点是等效的(极小值相等)。

为加快优化搜索的速度,下面采用逐步缩小搜索区间的思路,以二维平面搜索为例,搜索策略如图 3.4 所示。随着迭代次数增加,搜索区间呈指数减小,最终至满足精度要求;在每次迭代搜索时,新的搜索区间要"套住"上一步的极小值位置。当 $N=3,4,5,6$ 时,搜索结果如图 3.5 所示。

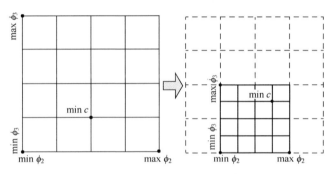

图 3.4　逐步缩小搜索区间示意图

图 3.5 中的结果表明,当 $N=3$ 时,最优的检偏器角度为($0°$、$60°$、$120°$);当 $N=4$ 时,最优的检偏器角度为($0°$、$45°$、$90°$、$135°$);当 $N=5$ 时,最优的检偏器角度为($0°$、$36°$、$72°$、$108°$、$144°$)。以上分析结果表明,对于 N 次($N=3,4,5$)采样,最优的检偏器角度配置是:相邻检偏器角度之差为 $180°/N$,即偏振角的周期($180°$)刚好被 N 次采样等间距分割。

当 $N=6$ 时,采用上述搜索策略(图 3.4),得到的最优检偏器角度为集合 $A=\{\phi_1=\phi_3=0°(\text{或}180°)、\phi_4=\phi_6=60°、\phi_2=\phi_5=120°\}$,如图 3.5 (d)所示,而并非预期的 $B=\{\phi_i=(i-1)\times30°\}$,数值计算结果表明,矩阵的条件数 $c(\boldsymbol{D}_A)=c(\boldsymbol{D}_B)$。因此,若仅以矩阵的条件数 c(参考式(3.8))作为最优性的判断标准,则采用 N 等分 $180°$ 的配置并非是最优设计的必要条件。

假设入射光的光强 I 是已知的(通过探测器不加偏振片直接测量得到),则式(2.7)可以改写为

$$\boldsymbol{D}_1 \boldsymbol{S}_1 = \boldsymbol{F}_1 \tag{3.9}$$

其中

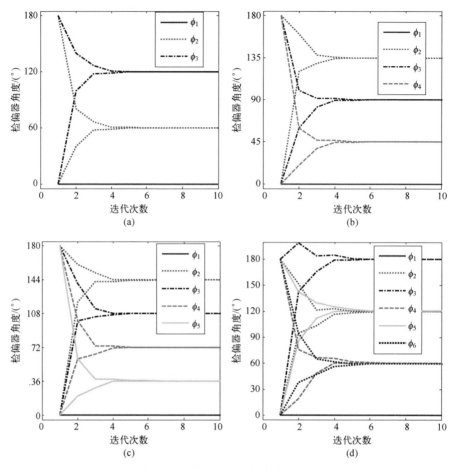

图 3.5　最优的检偏器角度搜索结果

（a）$N=3$；（b）$N=4$；（c）$N=5$；（d）$N=6$。

$$\boldsymbol{D}_1 = \begin{bmatrix} \cos2\phi_1 & \sin2\phi_1 \\ \cos2\phi_2 & \sin2\phi_2 \\ \vdots & \vdots \\ \cos2\phi_N & \sin2\phi_N \end{bmatrix}, \boldsymbol{F}_1 = \begin{bmatrix} 2f_1/KI-1 \\ 2f_2/KI-1 \\ \vdots \\ 2f_N/KI-1 \end{bmatrix}, \boldsymbol{S}_1 = \begin{bmatrix} s_1 \\ s_2 \end{bmatrix} = \begin{bmatrix} d\cos2\phi \\ d\sin2\phi \end{bmatrix}$$

还需至少两次不相关的测量即可解算出入射光的偏振参数 $\boldsymbol{S}_1$，考虑矩阵 $\boldsymbol{D}_1$ 的条件数 $c_1 = \mathrm{cond}(\boldsymbol{D}_1)$，数值计算结果表明，若检偏器采用 N 等分 $180°$ 的角度配置，则对于 $N>2$ 的采样次数，均有 $c_1 = 1$。由于任意矩阵的条件数 $\geqslant 1$，因此，检偏器角度采用 N 等分 $180°$ 的配置即为条件数 c_1 取得最小值的充分条件（$N>2$）。

3.2　多目偏振视觉传感器

本节主要介绍多目偏振视觉传感器的一种设计方案及其标定方法。

 ### 3.2.1　传感器设计

偏振视觉传感器主要由 4 个相机(GC1031CP，Smartek)、4 个广角镜头(F1.4~F16, 焦距 3.5mm)以及 4 个固定在 CCD 传感器前面的偏振片组成,其结构如图 3.6 所示。4 个相机光轴的朝向一致,分布在正方形的 4 个顶点上;与直线排列相比,正方形的分布可以使得相机间重叠的视场最大,减小相机间的视差。各相机的分辨率为 1034×778,视场角约为 77°×57.7°。相机由同步控制器触发采样,保证相机能够同步采集数据;相机采集的数据由千兆网经交换机传送给计算机,而后进行偏振态解算。

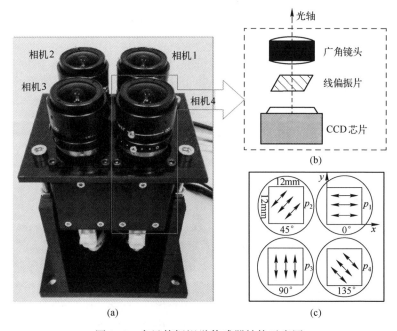

图 3.6　多目偏振视觉传感器结构示意图

(a) 偏振视觉传感器;(b) 感光单元的原理图;(c) 检偏器角度(俯视)。

4 个偏振片固定在镜头的后面、CCD 传感器前面,偏振片的通光轴方向按照 0°、45°、90°、135°的角度安装,偏振片的这种安装方向使得偏振态求解时所受噪声的影响最小,参考 3.1 节中检偏器角度优化设计的相关分析。另外,冗余的配置保证了传感器的可靠性,当任一相机故障时,系统仍可正常工作。在进行偏振态解算时,利用最小二乘方法获得入射光参数的最优估计,参考式(2.8)和式(2.4)。

▶ 3.2.2 偏振标定

偏振视觉传感器的标定主要包括以下 3 个步骤。

(1)辐射计标定。测量各相机在不同强度光源照射下的响应,获得其比例参数,从而补偿各相机间的非一致性误差。

(2)偏振角标定。将系统固定在精密转台上,放置在标准偏振光源下,以转台的读数作为参考输入,从而估计出偏振片安装角误差以进行补偿。

(3)几何标定。建立各相机的内参数模型,以及相机间的几何约束模型,而后定义全局的待优化参数,通过观测标准的棋盘格标定板,使得重投影误差最小,从而补偿相机间安装误差以及相机的内参数误差。

本节中将前两个步骤合称为偏振标定,几何标定将在 3.2.3 节中进行详细的介绍。

回顾式(2.5),在 N 次不相关的测量中,探测器的感光系数 K 保持不变,针对本书中设计的多目偏振视觉传感器,4 个相机的感光系数是不相等的,因此,将式(2.5)改写为

$$f_j = \frac{1}{2} K_j I \left[1 + d\cos(2\phi - 2\phi_j) \right], j = 1, 2, 3, 4 \tag{3.10}$$

式中:K_j 为第 j 个相机的感光系数;ϕ_j 为第 j 个相机中检偏器的安装角度;其余参数的含义与式(2.5)相同。

偏振标定的目的就是确定各相机的感光系数 K_j 以及检偏器的安装角度 ϕ_j,从而补偿各相机间感光系数的非一致性误差和检偏器安装角误差,提高传感器的测量精度。将偏振视觉传感器固定在多齿分度台上,放置在标准偏振光源下方,实验中光源保持静止,转动多齿分度台,记录转台的读数并存储相机的采样结果。随着转台的转动,各相机测量的亮度值及其正弦拟合结果如图 3.7 所示。

由于 4 个相机中检偏器的安装角度不同,因此,图 3.7 中的 4 条响应曲线间存在一个固定的相位差,而 4 条正弦曲线的幅值反映了各相机的感光系数,可以据此获得其比例参数,从而补偿各相机间感光系数的非一致性误差,结果如图 3.8 所示,经过补偿之后,各相机的感光系数趋于相等。图中还标注了 4 条正弦曲线的相位差,不失一般性,令 $\phi_1 = 0$,可得 $\phi_2 = 43.94°$、$\phi_3 = 88.35°$、$\phi_4 =$

135.91°。该结果与设计的检偏器角度(0°、45°、90°、135°)基本一致,偏振片安装误差控制在1°以内。

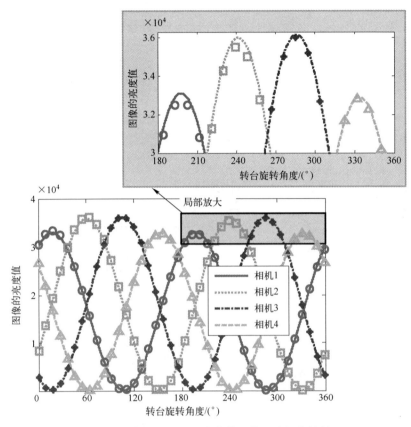

图 3.7　各相机测量的亮度值及其正弦拟合结果

　　关于传感器的偏振标定,本节中简单描述了标定的原理并给出了初步的标定结果,详细的标定过程及算法请参考文献[109]。

▶ 3.2.3　几何标定

3.2.3.1　多相机投影模型

　　关于相机的内参数模型请参考文献[110,111],每一个相机的内参数定义为

$$\mathbf{cam} = [\boldsymbol{f}; \boldsymbol{c}; \alpha; \boldsymbol{k}]_{10\times1} \qquad (3.11)$$

式中:$\mathbf{cam}$ 为每个相机的内参数矢量,总共 10 个参数,它是一个 10×1 的矢量;$[;;;]$ 矩阵里面的分号表示换行;$\boldsymbol{f}_{2\times1}$(矢量)为焦距;$\boldsymbol{c}_{2\times1}$(矢量)为焦点位置;

α(标量)为横轴和纵轴的非正交系数;$\mathbf{k}_{5\times1}$(矢量)为镜头的畸变参数。

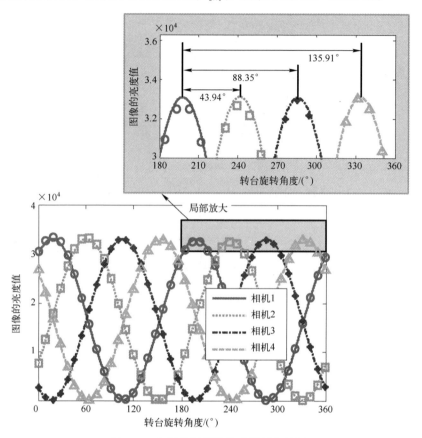

图 3.8　多目偏振视觉传感器标定结果

本节中,**cam** 整体作为一个矢量,采用**正体加粗**的格式,类似的还有下式中的 **rt** 和 **om**,以及后面的 **para**。

为了标定偏振视觉系统的参数,用偏振相机从多个不同的角度拍摄棋盘标定板,在此过程中,1 号相机在第 k 次曝光时相对世界坐标系的位姿定义为[112]

$$(\mathbf{rt})^1_w(k) = \left[\,\mathbf{om};\mathbf{t}\,\right]^1_w(k) \tag{3.12}$$

式中:$\mathbf{om}_{3\times1}$ 表示三维空间中的"罗德里格斯变换",它定义了三维空间中的一个旋转矢量;$\mathbf{t}_{3\times1}$ 表示一个三维空间中的平移矢量。

对于世界坐标系中的一个特征点 X^w,其在图像中的坐标 $\mathbf{x}$ 可以通过投影方程得到,即

$$\hat{\mathbf{x}} = g(\mathbf{cam},(\mathbf{rt}),X^w) \tag{3.13}$$

各相机间的几何约束可以由刚体变换表示,第 j 个相机相对于第 1 个相机

的位姿定义为

$$(\mathbf{rt})_1^j = [\mathbf{om};\boldsymbol{t}]_1^j \tag{3.14}$$

根据刚体变换算法,第 j 个相机在第 k 次采样时相对于世界坐标系的位姿可以由式(3.12)和式(3.14)得到,即

$$(\mathbf{rt})_w^j(k) = (\mathbf{rt})_1^j \otimes (\mathbf{rt})_w^1(k) = [\mathbf{om};\boldsymbol{t}]_1^j \otimes [\mathbf{om};\boldsymbol{t}]_w^1(k) \tag{3.15}$$

式中:$\otimes$ 为刚体变换算法。

3.2.3.2　几何标定算法

在偏振相机的几何标定过程中,先独立地标定出各个相机的内参数 $\mathbf{cam}_j$,作为初始的迭代参数,然后再组成一个全局的待估计的参数,即

$$\mathbf{para} = [\mathbf{cam}_1;\mathbf{cam}_2;\mathbf{cam}_3;\mathbf{cam}_4;(\mathbf{rt})_1^2;(\mathbf{rt})_1^3;(\mathbf{rt})_1^4;(\mathbf{rt})_w^1(1);\cdots;(\mathbf{rt})_w^1(N_{\text{view}})]$$

$$\tag{3.16}$$

总的待估计参数的个数为 $10N_{\text{cam}}+6(N_{\text{cam}}-1)+6N_{\text{view}}$,其中 $N_{\text{cam}}=4$ 为相机的个数,N_{view} 为每个相机拍摄的图片的个数。

由于参数误差 $\boldsymbol{\delta}_p$ 的存在,使得根据投影方程计算得到的 $\hat{\boldsymbol{x}}$ 与相机采样得到的 $\boldsymbol{x}$ 略有差别,即

$$\boldsymbol{x} = g(\mathbf{para}+\boldsymbol{\delta}_p, \boldsymbol{X}^w) \tag{3.17}$$

结合式(3.13)和式(3.17),可以得到投影误差为

$$\boldsymbol{e} = \boldsymbol{x}-\hat{\boldsymbol{x}} = g(\mathbf{para}+\boldsymbol{\delta}_p, \boldsymbol{X}^w) - g(\mathbf{para}, \boldsymbol{X}^w) = \boldsymbol{J}(\mathbf{para}, \boldsymbol{X}^w)\boldsymbol{\delta}_p + \mathrm{O}(\|\boldsymbol{\delta}_p\|^2) \tag{3.18}$$

式中:$\mathrm{O}(\cdot)$ 为同阶无穷小;$\boldsymbol{J}$ 为雅可比矩阵,它由投影方程对各参数的一阶导数构成,即

$$\boldsymbol{J} = \begin{bmatrix} \boldsymbol{J}_1 \\ \vdots \\ \boldsymbol{J}_{N_{\text{view}}} \end{bmatrix} \tag{3.19}$$

其中

$$\boldsymbol{J}_k = [\boldsymbol{J}_{k1} \mid \boldsymbol{J}_{k2} \mid \boldsymbol{J}_{k3}]$$

$$\boldsymbol{J}_{k1} = \mathrm{diag}\left(\frac{\partial \boldsymbol{x}_1}{\partial \mathbf{cam}_1} \frac{\partial \boldsymbol{x}_2}{\partial \mathbf{cam}_2} \frac{\partial \boldsymbol{x}_3}{\partial \mathbf{cam}_3} \frac{\partial \boldsymbol{x}_4}{\partial \mathbf{cam}_4}\right)$$

$$\boldsymbol{J}_{k2} = \begin{bmatrix} \boldsymbol{0} \\ \mathrm{diag}\left(\dfrac{\partial \boldsymbol{x}_2}{\partial (\mathbf{rt})_1^2} \dfrac{\partial \boldsymbol{x}_3}{\partial (\mathbf{rt})_1^3} \dfrac{\partial \boldsymbol{x}_4}{\partial (\mathbf{rt})_1^4}\right) \end{bmatrix}$$

$$\boldsymbol{J}_{k3}(j,k) = \frac{\partial \boldsymbol{x}_j}{\partial (\mathbf{rt})_w^1(k)}, \quad j=1,2,3,4$$

由式(3.18)可以估计出参数误差为

$$\boldsymbol{\delta}_p = (\boldsymbol{J}^T \boldsymbol{J})^{-1} \boldsymbol{J}^T \boldsymbol{e} \qquad (3.20)$$

为了减小由线性化引入的误差,提高参数估计精度,使用 Gauss-Newton 估计方法进行迭代,算法的流程如图 3.9 所示。

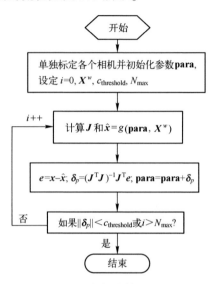

图 3.9　几何标定算法流程图

首先单独标定各个相机并初始化参数 **para**,设定当前迭代次数 i,特征点在世界坐标系中的坐标 $\boldsymbol{X}^w$,迭代停止的阈值 $c_{\text{threshold}}$ 以及最大允许的迭代次数 $N_{\max}$;接下来进入到 Gauss-Newton 迭代程序,在迭代的过程中,计算雅可比矩阵并估计出参数误差 $\boldsymbol{\delta}_p$,如果达到了停止阈值 $c_{\text{threshold}}$ 或者迭代次数已经大于 $N_{\max}$,迭代终止并输出标定参数,否则,继续迭代算法。

3.2.3.3　标定结果

将偏振视觉传感器放置在棋盘标定板前面,4 个相机按照同步触发信号进行曝光采样,受到各镜头的畸变以及相机间光轴不重合的影响,4 张同步曝光的图像并不完全一致。在采集图像过程中,首先要保证标定板位于所有相机的视场范围内,同时要尽可能地变换相机相对于标定板的位姿,以充分激励误差,提高标定精度。共计进行 20 次同步曝光,得到 80 幅图像用于多目相机的几何标定。相机的型号及关键技术指标请参考 3.2.1 节中的相关内容。

首先使用标定工具箱[113]标定出各个相机的内参数,然后,按照上文中的几何标定算法(图 3.9)进行迭代计算,在迭代过程中,各相机的内参数以及相机间的位姿关系会得到进一步优化,这是由于受相机间的几何约束,从而减少了待估计的参数,使误差模型更加准确,提高了参数的估计精度。经过全局优化后,各相机内参数的不确定度进一步下降,特别是焦距的不确定度,如表 3.1 所列。针对我们使用的这款相机的特点,α 和 $k(5)$ 可以忽略不计,因此没有对其进行估计,表 3.1 中没有列出。

表 3.1 相机内参数的不确定度

类 别	分离标定(均值)	全局标定(均值)
$f(1)$	0.2297 像素	0.1509 像素
$f(2)$	0.2278 像素	0.1511 像素
$c(1)$	0.1959 像素	0.1868 像素
$c(2)$	0.2124 像素	0.1696 像素
$k(1)$	4.8E-4	4.3E-4
$k(2)$	7.3E-4	6.9E-4
$k(3)$	4.7E-5	3.3E-5
$k(4)$	3.6E-5	2.7E-5

各相机间相对位姿关系(几何约束)的标定结果如表 3.2 所列,在整个标定过程中,偏振视觉传感器相对于标定板的位姿关系如图 3.10 所示。相邻相机间光轴的空间距离约为 35mm,1 号相机与其余相机间的旋转角小于 0.5°,该结果与传感器的机械设计指标是一致的。相机间相对位置和姿态的不确定度分别为 $\Delta t_1^i \approx 0.26$mm 和 $\Delta \mathbf{om}_1^i \approx 0.025°$,该参数反映了多目相机几何标定的精度。表 3.2 中的结果还表明沿光轴方向和垂直于光轴方向的不确定度是不一致的:对于旋转矢量,沿光轴方向的误差约为其余两个方向的 1/10;对于平移矢量,沿光轴方向的误差约为其余两个方向的 3 倍。这是由相机光轴平行安装的结构引起的,造成了这些参数间的可观性不一致。

表 3.2 多目偏振视觉传感器几何标定结果

类 别	均值±标准差
$\mathbf{om}_1^2$	$[-0.00207, 0.00083, -0.00810] \pm [2.743, 3.252, 0.255]E-4$
t_1^2/mm	$[35.2600, -0.3640, 0.0169] \pm [0.0815, 0.0828, 0.2278]$
$\mathbf{om}_1^3$	$[0.00371, -0.00494, -0.00690] \pm [2.751, 3.271, 0.254]E-4$
t_1^3/mm	$[35.5994, 34.6589, 1.0383] \pm [0.0811, 0.0826, 0.2301]$
$\mathbf{om}_1^4$	$[0.00110, 0.00158, 0.00020] \pm [2.742, 3.262, 0.249]E-4$
t_1^4/mm	$[0.0612, 35.1588, 0.1517] \pm [0.0806, 0.0824, 0.2293]$

根据上述已估计出的相机间的位姿参数以及各相机的内参数,将 4 个相机的图像进行校正,从而建立像素间的对应关系。首先,根据 $\mathbf{om}_1^i$ 旋转 2、3、4 号相机的光轴,使它们与 1 号相机的光轴重合;其次,设置一个虚拟的相机内参

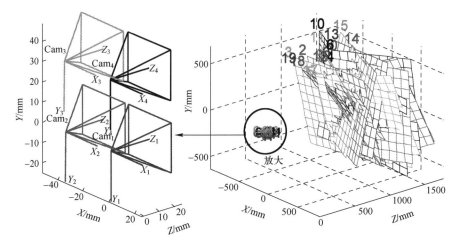

图 3.10　偏振视觉传感器相对于标定板的位姿关系

数,将其同时赋给 4 个相机,在这个理想的相机内参数中,消除各镜头的畸变参数(即采用标准的针孔投影模型),且相机的光轴过图像的中心;最后,根据这个理想的虚拟内参数,将 4 个相机的图像进行校正,结果如图 3.11 所示。

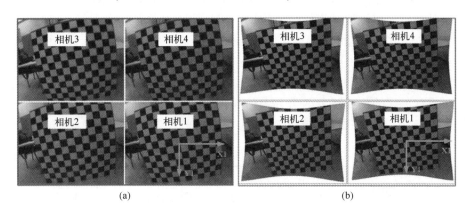

图 3.11　多目偏振视觉传感器标定结果
(a)原始图像;(b)校正后图像。

　　图 3.11 中原始图像中的桶形畸变已被消除,相邻图像中对应的特征点建立了一一对应关系,该对应关系包含了水平或垂直方向的视差,该视差由相机间的基线(约 35mm)引起。当观测的场景到相机的距离大于 55m 时,相机间的视差小于 0.5 像素。因此,使用该传感器观测天空偏振光时,可以认为 4 个校正后的图像,其所有的像素点都是一一对应的,从而可以根据式(3.10)解算入射光的偏振参数。

3.3　偏振视觉定位定向实验验证

偏振视觉定位定向算法请参考 2.4 节中的相关内容,需要特别指出的是,针对多目偏振视觉传感器,其相机坐标系(见图 2.11 中的 $OX_cY_cZ_c$)以 1 号相机为基准,4 个相机的图像经过校正后,均与 1 号相机对齐,详细的过程请参考3.2.3 节。为验证多目偏振视觉传感器及其定位定向算法的有效性,分别进行了静态实验和转位实验。静态实验主要用于验证仿生偏振视觉定位机理,而转位实验则用于测试其定向精度。

▶ 3.3.1　静态实验

将实验装置放在楼顶开阔地带,位置坐标为(E112.992°,N28.221°),时间为 2015 年 12 月 16 日。通过水平仪进行调平后,用偏振视觉传感器对天空的偏振模式进行了测量,从 13:37 至 14:37,共计 1h,天气晴朗,系统的采样频率设置为 1Hz。天空偏振模式测量结果及理论模型如图 3.12 所示。

图 3.12 中为 14:37 时刻测量的天空偏振模式,此时,太阳天顶角约为60.7°,测量结果与瑞利散射模型符合较好,从偏振角模式中可以清晰地看出太阳子午线;偏振度模式呈带状分布,与理论模型相一致,视场内最大的偏振度约为 40%,这与理论值相差较大,主要由多次散射的退偏振效应引起。利用式(2.39)可以从该偏振模式中提取出太阳方向矢量,结合式(2.43)求得太阳的天顶角 γ_S 和太阳在载体系中的方位角 α_S。

利用式(2.39)进行太阳方向矢量估计时,以偏振模式中的偏振度作为选择有效区域的判据,对偏振度小于 10% 的区域进行了剔除,因为这部分区域的偏振角误差较大,详见 2.2.3 节中的分析。当初步估计出太阳方向矢量 s 后,利用式(2.38)中的 E^Ts 进一步剔除野值点,再对太阳方向矢量重新估计进而提高估计精度。式(2.42)中的特征值 λ 表征了各有效像素点对应的偏振角与瑞利散射模型的符合程度,$\sqrt{\lambda}/N_e$ 的值即为与瑞利散射模型偏差的均值(N_e 为有效像素点的个数)。若与瑞利散射模型完全一致,则有 $\lambda=0$,参考式(2.38)。本次实验中,$\sqrt{\lambda}/N_e$ 的值约为 2×10^{-5},这表明实测的天空偏振模式与瑞利散射模型非常接近。

整个实验过程中,测量的太阳天顶角的变化曲线如图 3.13 所示。结果表明,测量的太阳天顶角与理论值相一致,最大误差约为 0.4°,误差标准差为0.14°。基于这 1h 内对于天空偏振光的测量结果,利用式(2.45)可以估计出载

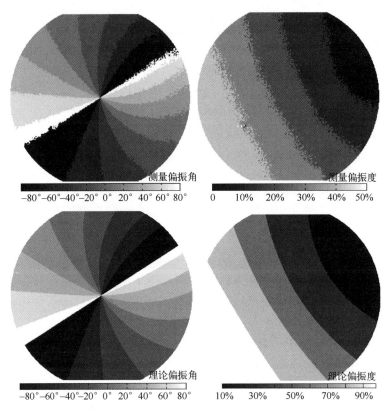

图 3.12　天空偏振模式测量结果

体的位置,定位结果为(E113.591°, N27.868°),定位误差为 68.6km。根据
式(2.44)可以计算出理论上的定位误差:取太阳天顶角测量误差 $\varepsilon_{\gamma_A} = \varepsilon_{\gamma_B} =$
0.14°,1h 内太阳方位角的变化量($\alpha_A - \alpha_B$) = 15°,则有 $\varepsilon_M = 85.2$km,可见,理论
误差与实际的定位误差基本一致。文献[105]中基于偏振光和磁航向的定位精
度约为 100km,文献[104]中在 OCTANS 惯导的辅助下利用偏振光定位实现了
约 50km 的定位精度,本书中的定位误差介于二者之间,误差的量级与它们基本
一致。

　　在 1h 的采样时间内,载体是静止水平放置的,太阳方位的变化同时引起了
天空偏振模式的变化。根据估计出的载体位置,可以计算出太阳在当地地理坐
标系中的方位角,其相对于真北方向的方位角 β_S 从 201.0°增加到 215.5°;根据
测量的偏振模式可解算出太阳在载体系中的方位角 α_S,其角度从 20.9°增加到
35.6°,整段时间内二者的变化规律相一致,如图 3.14 所示。根据式(2.46),二
者之差即为载体的航向角 ψ,结果如图 3.14 所示。

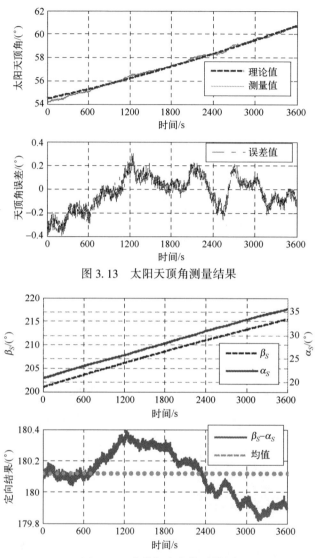

图 3.13 太阳天顶角测量结果

图 3.14 载体航向角估计结果

由于载体是静止的,因此测量的航向角应保持不变,图 3.14 中航向角的均值为 180.1°,最大偏差约为 0.4°,航向角的标准差为 0.15°。结果表明,通过测量天空偏振模式可以实现快速准确的航向角估计。

3.3.2 转位实验

在上述静态实验的基础上,为进一步验证航向角估计精度,进行了转位测试。将偏振视觉传感器固定在多齿精密分度台上,该转台一周共有 391 格刻度,每格代表 360/391 = 0.9207°。实验地点及日期均与上述静态实验相同,天气晴朗。实验中将转台从 0 刻度依次增加 30 格至 390 位置,而后依次减小 30 格至 0 位置;在每个位置进行一次天空偏振模式测量,共计获得 27 次采样,相邻采样间的载体航向角相差 ±27.6215°。采样时间从 16:40 至 16:43,共计 3min。

图 3.15 给出了前 4 次采样中测量的天空偏振模式,此时,太阳天顶角约为 80.4°,即太阳高度角约为 10°。图中的浅色实线表征了太阳在载体系中的方位角 α_s,即太阳子午线。可见,偏振角模式沿着子午线呈反对称分布,且子午线处的偏振角为 ±90°,这与瑞利散射模型是一致的,即散射光的 E 矢量方向垂直于散射面;而偏振度模式沿着子午线呈轴对称分布,视场内的偏振度达到了 60%,远大于静态实验中的 40%(对应的太阳高度角约为 30°)。根据瑞利散射模型,最大的偏振度发生在距离太阳 90° 的区域,而朝向太阳(或背离太阳)方向的偏振度最小,呈现出图 3.15(b) 中的带状分布。因此,当太阳高度角越小时,天顶方向的入射光的偏振度越大。

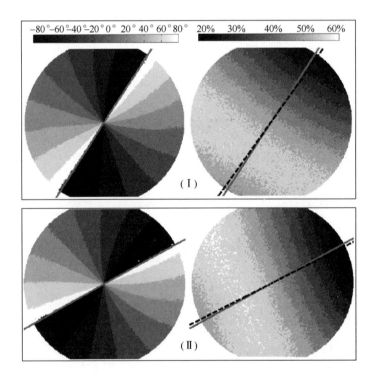

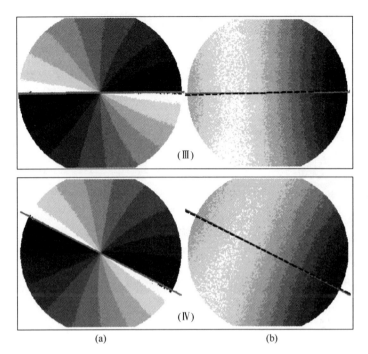

图 3.15　转动过程中测量的天空偏振模式
(a) 偏振角模式；(b) 偏振度模式。

图 3.15(b)中偏振度模式的带状分布表明,基于偏振度模式也可以估计太阳子午线方向,只需检测出该模式的对称轴即可。首先,对偏振度模式进行平滑,该步骤是为求梯度过程做预处理,其作用是抑制求梯度时引入的噪声,可采用中值滤波器或者维纳滤波器实现。图 3.16(a)中给出了对图 3.15(I)(b)进行平滑后的结果。其次,对平滑后的偏振度模式求梯度,如图 3.16(a)中深色箭头所示,图中的箭头方向即梯度方向,箭头的长度表示梯度的大小,为清晰起见,图中仅画出了部分点的梯度方向。最后,对所有有效点的梯度方向进行统计,求出其概率密度分布,如图 3.16(b)所示,梯度方向的极大似然估计即为太阳子午线的估计结果,即太阳方位相对于载体参考方向的夹角。该方法的估计结果如图 3.15(b)中的黑色虚线所示,图 3.15 中的浅色实线是基于式(2.39)的最优估计的结果,可见,两种方法估计出的太阳子午线方向基本一致。

为了评估本书提出的基于最优估计的定向算法,详见式(2.39),将其与以下两种文献中较为经典的方法做对比[36, 47, 114]。其一是基于单点测量的定向方法,为抑制噪声,选取图像中心附近 5×5 的区域,基于其亮度均值来计算入射光的偏振参数,进而估计载体航向角。其二是基于线检测的方法,选取偏振角模

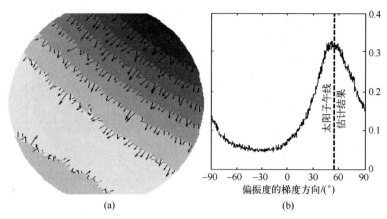

(a)   (b)

图 3.16　基于偏振度模式的太阳子午线估计结果

（a）偏振度模式及其梯度方向；（b）梯度方向的概率密度分布。

式中接近±90°的区域,然后通过霍夫变换(Hough Transform)提取太阳子午线方向。

　　对比图 3.15(Ⅰ)~(Ⅳ)的测量结果可知,随着转台的转动,测得的天空偏振模式随之转动。转台的转动过程如图 3.17 中的横轴所示,从 0 位置转至359.08°,然后回到 0 位置,相邻采样间的载体航向角相差±27.6215°。以转台的 0 位置作为参考,假设转台在 0 位置时光罗盘输出的航向角为 ψ_0,在转动的过程中,光罗盘输出的航向角增量应与转台转动的角度相一致,其差值即为定向误差 $\Delta\psi$。对于第 i 次测量,若转台的转位为 ω_i,光罗盘输出的航向角为 ψ_i,则其对应的定向误差为

$$\Delta\psi_i = (\psi_i - \psi_0) - \omega_i \tag{3.21}$$

相应地,对于 N 次测量结果,定向误差的均值 μ 和标准差 σ 分别定义为

$$\mu = \frac{1}{N}\sum_{i=1}^{N}\Delta\psi_i, \quad \sigma = \sqrt{\frac{1}{N}\sum_{i=1}^{N}(\Delta\psi_i - \mu)^2} \tag{3.22}$$

整个转位实验过程中的定向误差如图 3.17 所示和表 3.3 所列。

表 3.3　4 种方法的定向误差比较

定 向 算 法	最大误差/(°)	平均误差/(°)	误差标准差/(°)
单点测量	1.91	0.013	0.88
线检测	1.17	0.012	0.59
最优估计	**0.56**	**0.012**	**0.28**
基于偏振度	4.81	0.076	2.10

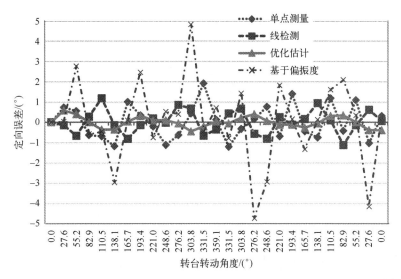

图 3.17　转动过程中的定向误差曲线

结果表明,基于偏振度模式的定向误差要远大于基于偏振角模式的定向误差,说明偏振角模式相对比较稳定。生物行为学研究表明,沙蚁和蜜蜂是利用偏振角模式而非偏振度模式进行导航,本书中的结论从侧面解释了这一现象。

3 种基于偏振角模式的定向方法中,定向误差的均值基本相等(约 0.012°),这主要是由于在转台转动过程中,正负误差相互抵消的结果,见图 3.17 中的定向误差曲线,因此,这里的平均误差对于评估算法的定向精度没有太大意义。本书提出的基于最优估计的定向算法中,其最大的定向误差为 0.56°,误差标准差为 0.28°,远小于其余两种方法,表明了该算法的优越性。该结果可以从优化估计理论的角度进行解释:本书提出的方法充分利用了偏振模式中所有的有效区域的信息,因此取得了最好的估计效果;线检测的方法仅利用了偏振模式中±90°附近区域的信息,因此定向精度次之;单点测量的方法利用的信息更少,因此定向精度最低。

3.4　微阵列式偏振光罗盘设计与测试

上述基于四目相机的偏振视觉传感器可以实时测量大部分天空的偏振模态,但是四相机的同步、供电、数据传输线路复杂,体积和质量较大,因此,应用范围受到较大限制;此外,4 个 CCD 的感光系数不一致,也对偏振态的解算精度产生较大影响,且 4 个镜头的光学性质差异也使得图像的配准过程较为复杂。

针对以上问题,本节中将给出基于像素偏振片的微阵列式光罗盘的设计方案。

 3.4.1 传感器设计与集成

微阵列式偏振视觉传感器结构如图3.18(a)所示,其主要由广角镜头、微阵列式像素偏振片、CCD感光芯片、数据采集及预处理芯片等构成。其中,相邻的4个像素构成一个偏振光测量单元,完成对某一个视角方向入射光的偏振态解算,如图3.18(b)所示。此时,仅需要一个CCD相机即可实现3.2节中多目偏振视觉传感器的功能,为器件的微型化打下了基础。

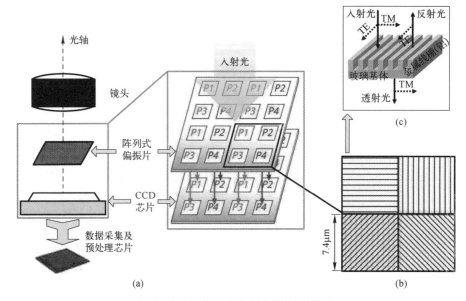

图 3.18 微阵列式光罗盘结构示意图

(a) 传感器结构示意图;(b) 偏振光测量单元;(c) 纳米金属光栅。

传感器的设计内容主要包括CCD芯片和镜头的选型、微阵列式纳米金属光栅的参数设计、数据采集及处理电路。本书中主要研究前两个内容。

在进行CCD芯片和镜头的选型时,主要考虑CCD芯片的AD采样精度(决定传感器的测量精度)、像素大小(决定传感器的噪声水平)和采样帧率,以及镜头的视场角大小和畸变范围,同时兼顾相机和镜头的体积、质量、功耗等,最终选定的相机型号为PointGray公司的BFLY-U3-03S2M(CCD位深度:12位;分辨率:648×488;像素尺寸:7.4μm;帧率:84FPS@648×488),镜头的型号为Theia公司的SL183M(视场角:117°×90°@1/3英寸CCD靶面;畸变:<1%)。

在纳米金属光栅的设计中,线栅的周期、占空比和深度是影响其性能的关键参数[115]，其中线栅的周期最为重要。当一束光线通过亚波长金属光栅时，其 TE 分量会激发金属线中的电子而产生电流，因此将会被反射出去；对于 TM 分量来讲，由于该方向上的金属线被空气间隙隔离而不能产生电流，因此光波会透射过去[115, 116]，从而使光线产生选择性透过的效应，如图 3.18（c）所示。

光栅的偏振现象是由其周期 P 与入射光波长 λ 所决定的，当 P 与 λ 的比值达到某一阈值时就会发生"瑞利共振"现象，即透射光只有零级衍射。因此，光栅周期的临界值应满足以下条件，即

$$P(n \pm \sin\theta) = k\lambda \tag{3.23}$$

式中：k 为衍射级次，由于只允许零级衍射出现（不允许出现一级以上衍射），因此其临界值为 $k = 1$；n 为基底的折射率，对于玻璃基底，其折射率约为 1.5；θ 为光线的入射角，为了使其能适应多种应用条件，其取值范围至少应为 $\theta \in [0°, 30°]$。

从式（3.23）中可得，为了使其针对 λ 波段的入射光具有偏振效果，光栅的周期应取为

$$P \leqslant \frac{\lambda}{n + \sin\theta} = \frac{\lambda}{1.5 + \sin 30°} = \frac{1}{2}\lambda \tag{3.24}$$

因此，金属线栅的周期必须小于入射光波长的 1/2：对于可见光波段（400～750nm），线栅的周期应为 200nm（含）以下；对于昆虫主要利用的紫外波段（330～400nm），线栅的周期应取为 160nm（含）以下。在金属光栅的周期满足瑞利共振的条件下，线栅的周期越小，则具有越高的消光比，然而，其工艺难度越大，成本越高。

线栅的占空比和深度（或深宽比）不影响光栅的临界周期，在其周期满足瑞利共振的条件下，线栅的占空比越大（0.2～0.8），则其消光比越高（优势），透光率越小（劣势），因此综合考虑占空比应为 0.4～0.6，通常取为 0.5。随着线栅深度的增加，其消光比呈现出指数增加的趋势（优势），而透光率则呈周期性递减变化[45, 115, 117]；然而，线栅深度的增加将会增大工艺难度，并影响线栅的结构稳定性以及成品率，文献中建议线栅的深度应不大于 300nm，且深宽比应控制在 4:1 以内[31, 118]。综合以上分析，并结合相关文献中的论述，表 3.4 中给出了针对几种典型波段的金属光栅参数。

表 3.4　针对几种典型波段的金属光栅参数

工作波段/nm	线栅周期	线宽（占空比）	深度（深宽比）
近紫外（330～400）	160nm	80nm（0.5）	200nm（2.5:1）
可见光（400～750）	200nm	100nm（0.5）	200nm（2.0:1）
近红外（800～3000）	400nm	200nm（0.5）	300nm（1.5:1）

本书的研究主要围绕可见光波段开展,然而,考虑到课题组后续的研究规划,所设计的光栅应使得在可见光和近紫外波段都能获得较为理想的消光比,结合当前加工工艺难度等约束条件,最后确定的金属光栅的参数为:线栅周期:140nm;线栅宽度:70nm(占空比为1:1);线栅深度:200nm(深宽比约为3:1)。

对于微阵列式金属光栅,除了设计上述线栅的参数之外,还需设计线栅的阵列布局。借鉴彩色相机中 R-G-B 滤光片的配置策略,依据 3.1 节中的优化设计准则,以及 3.2 节中多目偏振视觉传感器的设计经验,并参考相关文献[117,119-121]中的设计思路,最终选定的方案是:采用 2×2 的区域构成一个偏振光测量单元,其中 4 个像素对应的线栅光轴方向为(0°、90°、45°、135°),各像素对应的边长为 7.4μm,与拟选型的 CCD 像素尺寸完全相等(图 3.18)。阵列式金属光栅的像素单元总数与 CCD 感光像素保持一致,以实现下一步与 CCD 芯片的集成与封装。

传感器的集成是指将基于微纳加工工艺的金属光栅集成到 CCD 感光芯片上,它是制作微阵列式偏振光传感器的关键步骤之一。首先,将 CCD 芯片的保护玻璃去除,以使集成后微阵列式偏振片紧贴 CCD 感光区域,从而减小各偏振单元间光路的串扰;其次,将待集成的像素偏振片与高透明的玻璃粘接,以便通过辅助夹具对其进行夹持操作;再次,在对准及集成过程中,打下一束偏振光,实时调整偏振片位置,使 CCD 各像素测得的对比度最大(即消光比最大),即视为对准成功;最后,将微阵列式偏振片与 CCD 通过"紫外光固化胶"进行粘接,对准完成后,通过照射紫外光,完成最终的封装与固定。集成好的微阵列式偏振光传感器如图 3.19 所示。

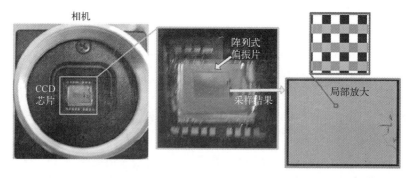

图 3.19　微阵列式光罗盘实物图及采样结果图

将微阵列式偏振光传感器放置在标准偏振光源下面,随着入射光偏振方向的变化,各像素点测得的光强呈现出周期性的明暗交替变化,图 3.19 中给出了某一时刻的采样结果,可以看出,相邻的 4 个像素点明暗各不相同。根据马吕斯定律,由这 4 个像素构成的一个偏振测量单元可以解算出入射光的偏振状态,请参考本书 2.1.2 节中偏振光检测原理中的相关内容,详见式(2.5)和式(2.8)。

▶ 3.4.2　传感器测量误差模型

在上述传感器的集成过程中,一个突出的问题就是不能保证偏振片阵列与 CCD 像素完全对齐,安装误差如图 3.20 所示。此时,透过 4 个不同检偏器的光线将汇集在同一个 CCD 像素上。

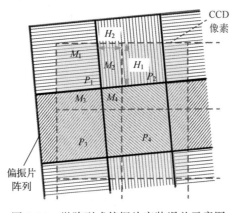

图 3.20　微阵列式偏振片安装误差示意图

根据马吕斯定律,请参考本书中式(2.5),当一束偏振光分别通过 4 个不同方向的检偏器时,透过的光强可以表示为

$$I_j' = \frac{1}{2}I\left[1+d\cos(2\phi-2\phi_j)\right], \quad j=1,2,3,4 \tag{3.25}$$

式中:光强 I、偏振度 d、偏振角 ϕ 为待测量的入射光的参数;$\phi_1=0°$;$\phi_2=90°$;$\phi_3=45°$;$\phi_4=135°$。

特别地,对于 1 号 CCD 像素(P1)来讲,其对于入射光强 I_1 的响应 f_1 为

$$f_1 = K_1 I_1 + b_1 + n_1 \tag{3.26}$$

式中:K_1 和 b_1 为该像素进行光电转换时的比例系数和零偏,可以通过标定获得;n_1 为其测量噪声。

假设每个 CCD 像素面积为 1 个单位,1 号 CCD 像素与 4 个偏振片的重叠面积分别为 M_1、M_2、M_3、M_4,且有 $M_1+M_2+M_3+M_4=1$。若无对准误差时,$M_1=1$,$M_2=M_3=M_4=0$;若存在较小的安装误差时,$1>M_1>M_2$,M_3,$M_4>0$。此时,照射到 1 号 CCD 像素(P1)上的光强 I_1 为

$$I_1 = \frac{M_1 I}{2}\left[1+d\cos(2\phi-2\phi_1)\right] + \frac{M_2 I}{2}\left[1+d\cos(2\phi-2\phi_2)\right]$$
$$+ \frac{M_3 I}{2}\left[1+d\cos(2\phi-2\phi_3)\right] + \frac{M_4 I}{2}\left[1+d\cos(2\phi-2\phi_4)\right]$$
$$= \frac{I}{2}\left[1+k_1 d\cos(2\phi+\varepsilon_1)\right] \tag{3.27}$$

其中

$$k_1 = \sqrt{(M_1-M_2)^2+(M_4-M_3)^2}$$
$$= \sqrt{1-4M_1 M_2-4M_3 M_4-2M_1 M_3-2M_1 M_4-2M_2 M_3-2M_2 M_4} \tag{3.28}$$
$$\varepsilon_1 = \arctan\left(\frac{M_4-M_3}{M_1-M_2}\right)$$

结合式(3.27)和式(3.26),可得 1 号 CCD 像素(P1)的响应函数为

$$f_1 = \frac{K_1 I}{2}\left[1+k_1 d\cos(2\phi+\varepsilon_1)\right]+b_1+n_1 \tag{3.29}$$

式中:k_1 可等效为安装偏差引起的入射光偏振度的衰减系数。从式(3.28)可得 $0 \leqslant k_1 \leqslant 1$;在无安装误差的条件下($M_1=1$,$M_2=M_3=M_4=0$),则有 $k_1=1$,表明信号无衰减,传感器工作在最优的状态;若安装误差导致 $M_1=M_2$ 且 $M_3=M_4$,则有 $k_1=0$,此时,传感器将失去检测偏振光的能力。当 $k_1<1$ 时,其引起的信号衰减将会降低式(3.29)中测量方程的信噪比,进而影响定向精度。

在实际的集成过程中,会存在一个较小的对准误差,此时,有 $M_1 \approx 1$,$\{M_2, M_3, M_4\} \approx 0$。忽略式(3.28)中的高阶无穷小项可得

$$k_1 \approx \sqrt{M_1^2-2M_1 M_2} \approx \sqrt{1-2M_2} \approx \sqrt{1-2H_1 H_2} \approx \sqrt{1-2H_2} \tag{3.30}$$

式中:H_1 和 H_2 的定义请参考图 3.20。若要保证 $k_1>0.9$,则需有 $H_2<0.095$,即在集成时的对准误差应控制在像素边长尺寸的 0.095 以内。针对这款像素边长为 7.4μm 的传感器,对准误差应控制在 0.7μm 以内。若对 2 号~4 号 CCD 像素展开分析,也会有类似的结论,在此不再赘述。

为了抑制对准误差的影响,从而降低集成时的难度,在设计和加工微阵列式金属光栅时,将偏振片各像素的边界进行 1μm 的涂黑(不透光),见图 3.20 中的黑色实线。此时,当横向(或纵向)对准偏差在 1μm/2 = 0.5μm 以内时,不存在光路间的相互串扰,$k_1=1$。当对准偏差大于 0.5μm 时,其误差将继续按照式(3.30)描述的规律进行传播。

在下一步的研究中,将探索微阵列式光罗盘一体化加工方案,直接在 CCD 的圆片上方刻蚀对应于每个像素的纳米金属光栅,并严格控制对准误差,从工

艺上解决对准问题,同时使得像素偏振片紧贴 CCD 感光单元,减小光路间的串扰。

3.4.3　光罗盘定向精度评估

传感器的标定原理与 3.2.2 节中基本一致,针对该传感器的详细标定过程请参考课题组已发表的研究成果[122],在此不再赘述。本节中使用已标定好的传感器进行定向精度评估,定向误差的定义请参考式(3.22)。标准光源下的测试环境如图 3.21(a)所示,将线偏振片安装在积分球光源出口位置,以产生标准的线偏振光。将微阵列式光罗盘固定在单轴转台上,放置在光源下方,旋转单轴转台,在多个位置采集入射光;以转台 0 位置作为参考,光罗盘输出角度与转台转动角度的差值作为定向误差,其结果如图 3.21(b)所示,光罗盘定向误差的标准差为 0.06°,最大的定向误差为 0.15°。

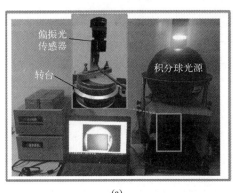
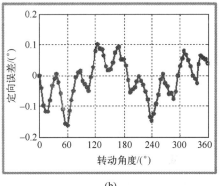

(a)　　　　　　　　　　　　(b)

图 3.21　标准光源下微阵列式光罗盘定向结果

(a)标准光源下测试环境;(b)光罗盘室内测试结果。

在户外测试中,将微阵列式光罗盘固定在单轴转台上,偏振光罗盘指向天顶方向。光罗盘的定向算法请参考 2.4 节中的相关内容,实验过程与 3.3.2 节中的转位实验基本一致,在此不再赘述。将光罗盘输出结果与转台转动角度对比,结果如图 3.22 所示,定向误差的标准差为 0.15°,最大的定向误差为 0.37°。

表 3.5 中给出了不同测试条件下光罗盘的定向结果。可见,光罗盘的定向误差随着太阳高度角的增加而增大,该结果与 2.3.2 节中的理论分析相一致;在日出/日落时分的定向精度最高,约为 0.15°(晴朗天气条件),而多云天气条件下光罗盘的定向效果比晴天时要差。在正午前后的时间(10:00—14:00),太阳高度角位于 50°~75°(2017 年 8 月,长沙),此时,光罗盘的定向误差将会达到

10°以上。因此,在早上/傍晚的时间利用光罗盘进行定向时,将能获得最高的定向精度。

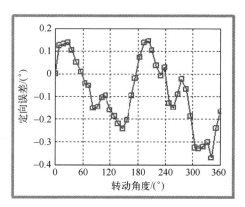

图 3.22 微阵列式光罗盘户外测试结果

表 3.5 不同测试条件下光罗盘的定向结果比较

序 号	天 气 条 件	太阳高度角/(°)	定向误差标准差/(°)
1	晴朗	-0.5	0.15
2	晴朗	5.5	0.32
3	晴朗	9.1	0.43
4	晴朗	13.5	0.61
5	晴朗	18.2	0.87
6	多云	0.2	0.32

关于微阵列式偏振光罗盘的标定与测试,本节中简单给出了初步的测试结果,详细的标定算法及分析请参考课题组已发表的研究成果[122]。

3.5 本章小结

本章主要针对偏振视觉传感器的设计、优化、集成、标定和测试等内容开展研究。首先开展了检偏器角度优化设计,结果表明,对于 N 次采样($N>2$),检偏器角度采用 N 等分 180° 的配置即为最优布局。

其次,针对多目偏振视觉传感器的设计及其标定方法进行了详细的分析。通过偏振标定获得了相机的感光系数,从而补偿各相机间的非一致性误差,同时估计出偏振片安装角误差以进行补偿;通过几何标定建立了各相机的内参数模型以及相机间的几何约束模型,实现了多相机的光路配准。

随后,基于该传感器开展了偏振视觉定位定向实验,验证了第 2 章中提出的阵列式光罗盘定位定向算法;静态实验中测量的太阳天顶角的最大误差约为 0.4°,误差标准差为 0.14°,基于 1h 内对天空偏振光的观测结果,实现的定位误差为 68.6km。在转动两周的测试中,最大的定向误差约为 0.5°,误差标准差为 0.28°。

最后,详细介绍了基于像素偏振片的微阵列式光罗盘设计与集成过程,建立了像素偏振片在集成时的安装误差模型,推导了误差的传播规律,确立了安装误差的允许范围,为传感器的设计及集成工艺条件提供参考依据,开展了传感器标定及测试等研究工作。结果表明,在标准的偏振光源下,微阵列式光罗盘的测角精度为 0.06°;在室外的大气散射环境中,光罗盘的静态定向精度约为 0.15°。

第4章 拓扑节点特征的表达与识别方法

本章重点研究拓扑节点特征的表达与识别方法,特别是视觉场景的特征提取及特征匹配问题。首先,介绍了基于偏振视觉的图像增强方法,同时探索了在"折射–反射"场景中,利用偏振分析来重建透射场景和反射场景的方法;其次,研究了基于网格细胞模型的节点识别方法,并将惯性/视觉里程计用于辅助序列图像匹配算法;再次,基于人脑的视觉机理以及人工智能领域的深度学习理论,探索了基于卷积神经网络的场景特征表达方法;最后,研究了导航拓扑节点的构建方法,实现了对导航经验知识的有效组织和利用。

4.1 基于偏振视觉的图像增强方法

▶ 4.1.1 偏振视觉增强算法

在远距离拍照时,由于光在传播过程中受到大气粒子的散射会引起图像的雾化,而光在散射时也会产生偏振效应,如图 4.1(a) 所示。在生活中拍摄风景照片时,通常会选用一个偏振滤光片从而使照片变得更加清晰;若将偏振信息引入到机器视觉中,通过偏振视觉传感器测量得到入射光的偏振态,则可以估计出光的传播环境,剥离出杂散光,从而将物体表面最原始的信息还原出来,该过程同样适用于水下探测[123]。除了散射场景以外,偏振现象还产生于折射场景中(参考图 2.1 中折射–反射现象),如图 4.1(b) 所示。

针对图 4.1(a) 中的场景,当观测远处的物体时,入射光的光强 I 由物体的反射光(或其自身发的光)B 和空气的散射光 A 组成。其中,散射光的光强随着距离 z 的增加而逐渐增强,即

$$A = A_\infty (1 - e^{-\beta z}) \tag{4.1}$$

式中:β 为散射系数;z 为物体距离观测者(偏振相机)的距离;A_∞ 为在无穷远距离中汇集的空气散射光的光强,对应于视场内的天空区域。

另一方面,由于大气散射的衰减,物体表面反射的光 B_0 会随着传播距离 z 的增加而衰减,即

$$B = B_0 e^{-\beta z} \tag{4.2}$$

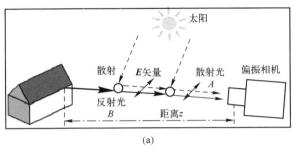

(a)

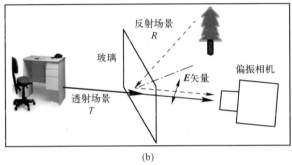

(b)

图 4.1 偏振图像形成过程示意图

（a）散射场景；（b）折射—反射场景。

观测者直接测量得到的光强可以表示为

$$I = A + B = A_\infty(1 - e^{-\beta z}) + B_0 e^{-\beta z} \tag{4.3}$$

图像增强的目的是将空气散射光 A 剥离，从而还原物体表面的反射光 B。在本节中的散射场景时，假设反射光 B 是非偏振的（该假设仅适用于漫反射场景，而不适用于镜面反射场景），光强 I 的偏振仅由散射光 A 引起。另外，即使物体表面的反射光 B_0 是偏振的，随着传播距离的增加，由于多重散射的去极化效应，也将极大地减弱反射光 B 偏振度，因此可以忽略其偏振性。

入射光的参数（光强 I、偏振度 d_I）可由偏振相机测得，详见式（2.4）和式（2.8），因此散射光 A 和反射光 B 可以表示为

$$A = \frac{d_I}{d_A} I, \quad B = I - A \tag{4.4}$$

式中：d_I 为测量的入射光 I 的偏振度；d_A 为空气散射光 A 的偏振度。值得注意的是，空气散射光的偏振度与传播的距离无关[124]；根据一阶瑞利散射模型，散射光的偏振度仅与散射角相关，详见式（2.9），因此 d_A 可以直接取为场景附近天空区域的偏振度，因为该天空区域中 $B = 0$，$d_A = d_I$。

当空气散射光 A 估计出来以后，根据式(4.1)，即可获得场景中的物体到观测者的距离 z，该距离的尺度因子由散射系数 β 决定，即

$$\beta z = -\ln(1 - A/A_\infty) \tag{4.5}$$

另外，若距离 z 已知，则可以根据式(4.5)估计出散射系数 β，用于进一步分析大气气溶胶浓度和粒径分布等，从而为天气预报、大气环境监测、灾害预警及评估等提供信息支撑。

针对图4.1(b)中的折射场景，可以根据偏振分析结果来分离反射场景和透射场景，从而使目标更加清晰。当我们透过玻璃观察室内物体时，或者透过水面观察水下目标时，实际测量的图像通常为透射场景和反射场景的叠加[125,126]，如图4.1(b)所示。通常可以采用一个偏振滤光片放置在普通相机的镜头前方，从而滤掉反射场景中的偏振部分。然而，视场内各个方向入射光的 E 矢量方向并不完全一致，因此，通过旋转偏振片的方法只能针对某一小块特定区域实现增强，而不能同时滤掉视场内所有的偏振光。

利用本书中设计的偏振相机，可以测得视场内各方向入射光的状态参数，从而将偏振分量(反射场景)和非偏振分量(透射场景)实现完全的分离，当反射场景的入射角接近布儒斯特角(图2.1)时，该方法效果最好。在实际的应用中，针对反射光较强的场景，该方法取得的效果非常显著，见下文中的实验结果。

4.1.2 实验结果与分析

为了验证基于偏振视觉的图像增强效果，用偏振相机观测远处的建筑物场景，4个相机在外部信号的触发下同时曝光采样，而后根据标定参数对图像进行畸变校正(经过畸变校正之后，相机1采集的图像如图4.2(a)所示)，建立四相机间对应关系，从而解算出场景中的偏振态信息，如图4.3(a)所示，详细的算法见3.2节。基于对场景的偏振分析，可以将空气的散射光(干扰光)从目标的反射光中分离出来，从而还原场景的真实信息，增强后的图像如图4.2(b)所示。结果表明，基于偏振视觉的图像增强后，场景的对比度得到了明显提高，图像看起来也更清晰。

图4.3(a)中的偏振模式为场景理解提供了除亮度(光强)、颜色(频谱)之外的独立信息。图中不同类别的区域对应不同的偏振度，其中，天空区域的偏振度最高，在本次实验中，其最大的偏振度达到了70%；小树林和草地的偏振度为30%~40%，而建筑物的偏振度通常小于30%。从图4.3(a)中可以明显看出树林中分布着几个小建筑(图中已用圆圈标出)，而在如图4.2所示的普通照片中，这些建筑物与周围的场景非常接近，很难分辨出来。这表明偏振模式信息

有助于场景辨识和目标探测。

(a)　　　　　　　　　　　　(b)

图 4.2　基于偏振视觉的图像增强

(a) 原始图像(相机 1);(b) 增强后的图像。

图 4.3(a)中建筑物的偏振度随着距离的增加而增大,这与上文中的理论分析结果是一致的。根据式(4.5),即可解算出场景的深度(观测者到目标的距离)信息,如图 4.3(b)所示,图中表示的为相对距离,其尺度因子由散射系数 β 决定。图中的湖面距离被错误地估计(估计值比实际值更远),这是由于水面的反射光具有较高的偏振度,使得湖面非常突出于周围的场景,因此,偏振视觉可以用于探测水面或冰面,这是地面无人平台在行进中需要完成的重要任务之一。图 4.3(b)中结果还表明偏振视觉可以用于地平线检测,为无人平台提供水平姿态参考。

在亮度图像中(图 4.2),天空区域是几乎没有任何特征可以提取的(在无云的条件下),而在偏振模式中,天空区域的纹理特征是显而易见的,详见图 4.2 和图 4.3(a)中虚线附近的天空区域,这条线是对图 4.3 中偏振度最大的区域(亮白色区域)进行拟合得到的。根据一阶瑞利散射模型,这条线应位于以太阳为极点的天球赤道上,因此,可以据此偏振模式估计出太阳的高度角和方位角,如图 4.3(a)所示。

相机的实际朝向可以根据相机所在的位置以及场景中远处目标的实际位置解算得到,图 4.3 中灰色虚线的倾角为 93.6°,其与地平线的交点相对于观测者的方位角为北偏东 149.8°,因此,可以估计出太阳相对于观测者的方位角为 $\hat{\beta}_S$ = 149.8°+90° = 239.8°、高度角为 $\hat{h}_S$ = 93.6°−90° = 3.6°,如图 4.3(a)所示。真实的太阳方位角和高度角可以根据天文年历获得,分别为 β_S = 242.3° 和 h_S = 1.9°,估计结果与真实值的偏差分别为 $\delta_{\hat{\beta}_S}$ = 2.5°、$\delta_{\hat{h}_S}$ = 1.7°。该结果进一步表明,根据天空偏振模式可以估计出太阳的方位(该过程不需要看到太阳),进而可以获得载体的航向角信息。

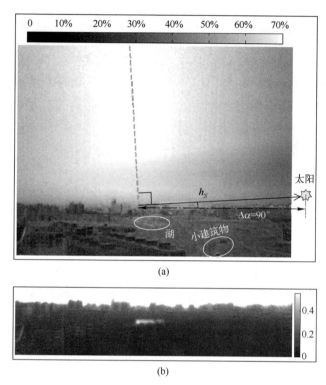

(a)

(b)

图 4.3　基于偏振视觉的场景分析

（a）场景的偏振度模式；（b）偏振分析获得的景深信息。

为验证在折射—反射场景中基于偏振信息的图像增强效果，将偏振相机放置在玻璃大厅的外面，透过玻璃来拍摄大厅内部的场景信息，如图 4.4 所示。实际测量的图像为透射场景（大厅内部信息）和反射场景（玻璃墙外的信息）的叠加，例如，图中包括天空、白云、树木等明显的反射场景，见图中的实线框区域。本例中假设偏振分量主要由反射光产生，其原理如图 4.1（b）及图 2.1（b）所示，因此，可以根据偏振相机的测量信息将入射光的偏振部分和非偏振部分进行分离，实现透射场景和反射场景的重建，如图 4.4（b）和（c）所示。需要指出的是，在本例中，由于拍摄的场景距离相机很近，因此，4 个相机间存在视差，在进行偏振解算之前，需要对 4 个相机的图像进行重新配准。

图 4.4（c）中的图像是由偏振分量重构的反射场景，除了钢结构的模糊线条外（这主要是由四相机图像配准时的误差引起），反射场景中几乎看不到任何大厅内的信息，大厅外面的柱子以及天空、白云等场景却清晰可见，如图中的实线

框以及点划线框所示,而在图 4.4(a)中的原始图像内,天空、柱子等反射场景与大厅内的场景信息复合在一起,使得图像非常模糊,细节难以辨认。图 4.4(b)中展示的是由非偏振分量重构的透射场景,可见,除去了反射场景的干扰之后,大厅内的场景得到了明显增强,物体的轮廓及纹理细节更加清晰,见图中点线框中的钢架结构以及虚线框中的牌匾图像等。结果表明,基于偏振信息可以有效地应对折射-反射场景中图像的重叠问题,通过将反射光与透射光进行分离,从而重构出反射场景和透射场景。

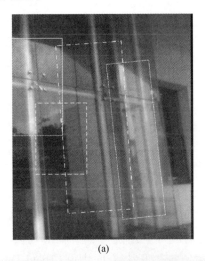

(a)

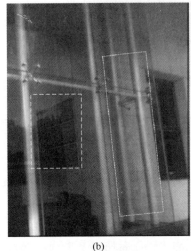

(b)

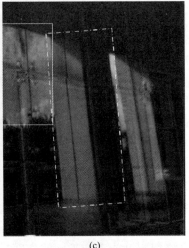

(c)

图 4.4　基于偏振视觉的透射与反射场景分离
(a) 原始图像;(b) 透射场景;(c) 反射场景。

4.2 基于网格细胞模型的拓扑节点识别方法

"识别"是指对客观事物按照其物理特征来进行分类,针对本书中的具体应用,即为在节点库中寻找与采集的环境特征相对应的导航拓扑节点。在计算机模式识别领域,识别方式主要分为两类:统计模式识别和句法模式识别。对于场景图像识别,前一种方式以图像(或其特征)匹配为识别手段,而后一种方式则以句法分析为手段。本书中的研究即属于前者,因此不对后者作详细介绍。"匹配"是最简单的识别方法之一,它通过最小化距离函数实现。在图像(特征)匹配的基础上,结合已学习(或存储)的经验知识,进而完成识别的过程。

本节中主要研究基于图像匹配的拓扑节点识别方法;在 4.3 节中,将重点关注场景特征的仿生表达方法;在 4.4 节中,将研究导航拓扑节点的构建方法。

 4.2.1 网格细胞模型与序列图像匹配方法

2014 年,诺贝尔生理/医学奖颁给了 J. O'Keefe、M. B. Moser 和 E. Moser 3 位科学家,因为他们在研究动物大脑中与导航定位功能相关的细胞时,揭示了这些细胞的工作机理。动物的导航定位与其大脑海马区(Hippocampus)相关,该区域包含至少 3 种功能结构的细胞:方向细胞(Head Direction Cell),用于描述动物的头部朝向信息;位置细胞(Place Cell),用于描述动物当前所处的位置信息;网格细胞(Grid Cell),用于记录环境的网格地图。

1971 年,O'Keefe[14] 在大鼠脑部的海马区发现了"位置细胞",当大鼠在空旷的房间中运动时,每一个特定的位置均与某些细胞的激活态相对应;因此,位置细胞构成了大鼠对所在房间的认知地图。如图 4.5(a)所示,图中的曲线为大鼠的运动轨迹,深色的小点表示某些位置细胞激活时大鼠所在的位置,浅色圆斑区域表示理论上这些位置细胞所对应的放电野,可见二者所对应的区域完全一致。

2005 年,Moser 夫妇发现了大脑定位机制中的"网格细胞",如图 4.5(b)所示;深色的小点表示大鼠在运动时,某一个网格细胞所对应的放电野,它们呈现出均匀的六边形分布,其顶点即为网格节点。最近针对蝙蝠的研究表明,其大脑中的网格细胞可能表征不同的空间尺度[127],从而协助其完成精确的导航定位和路径规划功能。基于脑成像技术的研究表明,在人类的大脑中同样存在类似的位置细胞和网格细胞。

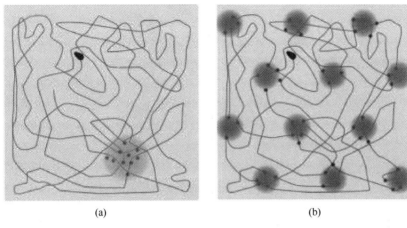

(a)　　　　　　　　　　(b)

图 4.5　位置细胞与网格细胞的激活位置比较

(a) 位置细胞的放电野；(b) 网格细胞的放电野。

网格细胞的激活特性使其可以对空间信息进行编码[128]，并成为生物形成空间记忆的基础[129]。在生物移动过程中，采用单幅图像进行场景识别时容易出错，特别是在场景比较相似的区域，若采用序列图像进行识别，则能够有效提升识别的准确性，如图 4.6 所示。图中当前时刻处于激活状态的网格区域为 l_k，而仅通过 l_k 所对应的场景特征与经验数据进行比较，容易造成匹配结果的不确定性，但是若采用几个连续的激活区域与经验数据进行匹配，则会显著提高场景识别效果。

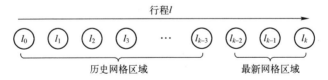

图 4.6　基于网格细胞模型的拓扑节点识别原理

在上述网格细胞模型的基础上，M. Milford 于 2004 年和 2012 年提出了 RatSLAM[21] 和 SeqSLAM[78] 仿生导航算法。下文将以 SeqSLAM 为例介绍基于网格细胞模型的序列图像匹配方法，该方法对于光照的变化具有很好的稳健性，同时，可以对图像的分辨率进行压缩，因此，极大地减小了对存储和计算量的需求[56,130]。

单个图像的比较是序列图像匹配的基础，参考文献[78]中的算法，本节中

直接比较两幅图像的灰度值,得到差值为

$$d = \frac{1}{R_x R_y} \sum_{x=1}^{R_x} \sum_{y=1}^{R_y} |A_{x,y} - B_{x,y}| \qquad (4.6)$$

式中:A、B 为待比较的两幅图像;R_x、R_y 为图像的分辨率。

这里的图像是经过压缩及局部归一化后的图像,通过对图像的降采样提高处理速度以及减小存储需求。单个图像匹配的方法还有很多,如本书绪论中已经提及的 FAB-MAP 算法[74],我们也可以将其他的图像匹配方法直接移植过来使用,从而求得两幅图像的差值 d。

将当前帧的图像 A^i 与图像库中的所有图像进行比较后可以得到一个差值矢量 $\boldsymbol{D}_i$,为了提高序列匹配的效果,参考文献[78]中的方法,对差值矢量 $\boldsymbol{D}_i$ 进行局部归一化处理,即

$$\hat{\boldsymbol{D}}_i = \frac{\boldsymbol{D}_i - \overline{\boldsymbol{D}_l}}{\sigma_l} \qquad (4.7)$$

式中:$\overline{\boldsymbol{D}_l}$ 为局部的均值;σ_l 为局部的方差。

将一系列的差值矢量 $\hat{\boldsymbol{D}}_i$ 组成一个图像匹配矩阵 $\boldsymbol{M}$,即

$$\boldsymbol{M} = \begin{bmatrix} \hat{\boldsymbol{D}}_{T-d_s} & \hat{\boldsymbol{D}}_{T-d_s+1} & \cdots & \hat{\boldsymbol{D}}_T \end{bmatrix} \qquad (4.8)$$

式中:T 为当前时刻;d_s 为选取的序列长度。一系列的搜索直线在矩阵 $\boldsymbol{M}$ 中经过,寻找差值最小的序列,归一化后的差值 S 可以表示为

$$S = \frac{1}{d_s} \sum_{i=T-d_s}^{T} \hat{\boldsymbol{D}}_i^k \qquad (4.9)$$

式中:k 为搜索的直线经过列矢量 $\hat{\boldsymbol{D}}_i$ 中的第 k 个元素,即

$$k = n + (T - d_s + i)\tan\phi \qquad (4.10)$$

式中:n 为 $\hat{\boldsymbol{D}}_{T-d_s}$ 中对应的模板号;ϕ 为搜索直线的方向。

图 4.7 中灰色的背景即代表图像匹配矩阵,亮度越小,表示两幅图像越接近,横轴表示当前采集的图像序列,纵轴表示图像库中模板的序列,一系列的搜索方向 ϕ 构成了整个搜索空间 $\Delta\phi$。这里的直线搜索过程是假设当前序列对应的载体速度与图像库里面的序列成比例,而忽视了载体运动过程中的速度变化,该假设在复杂的路况下是不成立的,因此会影响序列图像匹配的效果。下节中将视觉/惯性里程计引入到序列图像匹配中来,从而有效解决这个问题。

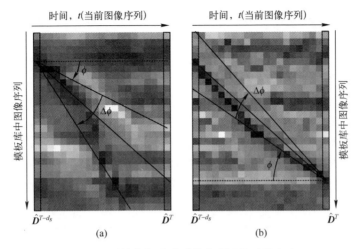

图 4.7　原始的与改进后的序列图像匹配方法

（a）原始方法；（b）改进方法。

4.2.2　惯性/视觉里程计辅助的序列图像匹配方法

本节中将上文介绍的序列图像匹配方法与惯性/视觉里程计相结合,形成一种几何空间+拓扑节点组合导航的框架[131],并对序列图像匹配算法进行改进。

4.2.2.1　算法描述

惯性/视觉里程计的信息可以用来辅助序列匹配算法,同时,节点识别成功后可以用来修正里程计的导航误差。系统的组合框架如图 4.8 所示。

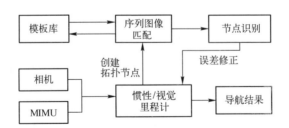

图 4.8　几何空间与拓扑节点组合导航原理图

图 4.8 中的组合导航系统是一种混合空间中导航的概念,系统的几何空间导航部分由惯性/视觉里程计构成,其航位推算的结果可以用来指导节点创建,每隔固定的距离(而非固定的时间)来创建一个节点,可以使得序列图像匹配算法更加高效,因为这可以减小搜索空间的范围,如图 4.7(b)所示,背景中深色

的区域更接近一条45°的直线。模板库可以事先创建好也可以在线实时创建。节点选取的越密集,则有可能实现更高的定位精度,但是也会增加存储量和计算量。当某一位置场景被识别出来后,其对应的节点信息可以作为滤波器的观测量,从而修正导航系统的累积误差。

文献中的序列匹配算法强调的是序列整体匹配的概念,而忽视了对于当前帧的匹配效果,本书中优化了序列匹配的搜索方向,如图4.7所示;采用多尺度序列长度相结合的方法,如图4.9所示,从而使其更适用于导航过程中实时的位置识别和误差修正。在里程计信息的辅助下,改进后的算法具有以下几个特点:图4.7(b)中的深色区域更接近一条直线;搜索空间变小,提高了匹配速度和精度;搜索直线的交点位于当前帧。

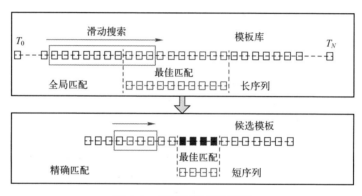

图 4.9   多尺度搜索示意图

序列图像匹配中最重要的参数就是序列长度的选择,当序列长度取为1时,则退化为前面已经介绍过的单个图像匹配。一般情况下,序列长度越长,则更具有区分能力,然而,序列长度太长时会使得定位精度降低,这是由于每一帧的权重降低的原因。本书中采用多尺度序列长度相结合的方法,如图4.9所示。首先,用一个较长的序列在整个模板库中进行匹配,这个过程是算法中计算量最大的部分;然后,在候选的区域用一个短序列进行精确的匹配,这个过程的计算量很小,却可以有效提高当前帧的匹配精度。

4.2.2.2   开源数据集实验结果

本节中使用公开的数据集 KITTI 评估算法的性能,该实验平台由两套相机(黑白和彩色)、一个 Velodyne 激光扫描仪以及 OXTS RT 3003 定位系统构成[132]。实验中,整个路程为 3.72km,用时 454s,共计采集 4544 帧图像,实验轨迹如图4.10所示,图中用 0~19 标注了行车的具体路线,从轨迹上的 0 点开始,沿 1,2,3,…的顺序行进,至 19 位置结束,真实轨迹由 GPS/IMU 定位系统给出。

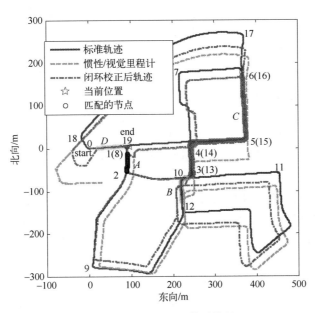

图 4.10　运动轨迹的估计结果

实验中相机以 10Hz 的帧率工作, 但并不是所有的图像都被存储为节点模板。利用惯性/视觉里程计的信息, 只有在当前帧图像与最近的那个节点的距离大于等于某一阈值(本节中设为 1m)时, 该图像才会建立一个新的模板, 共计创建 2707 个(59.6%)节点, 如图 4.11 所示(注意图中的纵坐标采用的是对数的表示方法)。

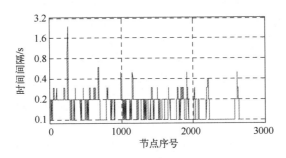

图 4.11　相邻节点的时间间隔

图 4.11 中曲线的起伏变化表明载体的速度在时刻变化, 载体的速度越慢, 则相邻节点间的时间间隔就越长(等距离创建节点), 在惯性/视觉里程计的辅

助之下,节点间的距离近似相等,使得图 4.7(b)中背景的深色区域接近于一条直线,因此提高了序列图像匹配算法的性能。数据处理时将图像的分辨率从1241×376 压缩到 64×16(0.22%),因此存储量和计算量大幅降低。

为了评估惯性/视觉里程计辅助的序列图像匹配算法的性能,将其匹配结果与原始方法进行比较,结果如表 4.1 所列。表中原始的方法用编号 A 表示,改进后的方法用编号 B 表示;表中的位置偏差代表识别出的当前位置与真实位置的偏差(均值)。

表 4.1　序列图像匹配结果比较

类　别	编　号	序列长度	识　别　率	位置偏差/m
原始方法	A_1	20	92.7%	5.08
	A_2	10	85.5%	3.17
	A_3	4	36.4%	1.81
改进方法	B_1	20	92.1%	1.41
	B_2	10	89.5%	1.25
	B_3	4	40.8%	1.03
	B_4	10 + 4	89.5%	1.04

结果表明,当序列长度越长,则匹配数量越多,然而,对应的位置偏差也越大(识别率:$A_1>A_2>A_3$,$B_1>B_2>B_3$;位置偏差:$A_1>A_2>A_3$,$B_1>B_2>B_3$),这与前面的理论分析是一致的。对于本书提出的改进后的方法,其位置偏差显著小于原始方法(位置偏差:$\{A_1,A_2,A_3\}>\{B_1,B_2,B_3\}$),这表明了本书提出的算法的优越性。

当把多尺度序列长度结合起来时,可以充分发挥不同序列长度各自的优势,序列图像匹配结果如表 4.1 中的 B_4 所列。$B_2(d_s=10)$、$B_3(d_s=4)$、$B_4(d_s=10$ 与 $d_s=4)$ 对应的位置偏差的统计分布如图 4.12 所示,结果表明,采用全局搜索与局部搜索相结合的模式,可以将长序列匹配的高识别率和短序列匹配的高精度定位相结合起来,充分发挥不同序列长度各自的优势。

图 4.13 给出了不同搜索策略下某一典型帧(4492.png)的匹配结果,为清晰起见,图中展示的并不是压缩后的图像(64×16),而是更高分辨的图像。每种方法对应的位置偏差已在图中列出,也可以通过将图中的汽车、建筑物、树木等作为参考基准来评价定位精度。注意:图中并没有 A_3 和 B_3 的结果,这是由于它们的序列长度太短所以识别率较低,没有从模板库中识别出与当前帧对应的节点。图 4.10 中,除了 B_1 对应的偏差较小之外,各方法对应的位置偏差与表 4.1 中的结果基本一致。下文中将利用 B_4 的节点识别结果校正惯性/视觉

里程计的导航误差。

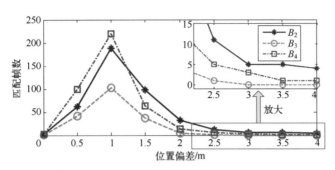

图4.12 位置偏差的统计分布

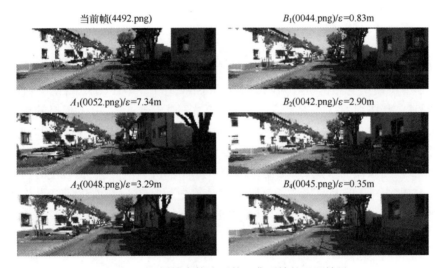

图4.13 不同搜索策略下某一典型帧的匹配结果

当某一节点被识别出来后,其对应的节点位置信息将作为滤波器的观测量,从而修正惯性/视觉里程计的累积误差,导航轨迹及其位置误差分别如图4.10和图4.14所示。图4.10中的行车路线从0位置(图中标注的start点)开始,沿1,2,3…的顺序行进,至19位置(图中标注的end点)结束,真实轨迹由GPS/IMU定位系统给出。路径中共有4个闭合的路段,如图4.10中A~D所示,每个闭环的路段中正确识别的节点用不同灰度的圆圈表示。

结果表明,当检测到闭环后,惯性/视觉里程计的累积误差可以校正到创建节点时的误差水平。在闭环检测的辅助下,整个路段的定位误差均值为20.3m(总里程的0.55%),而无闭环矫正的情况下,导航误差为32.0m(总里程的0.86%)。这表明,通过闭环检测校正可以有效抑制导航误差的发散。

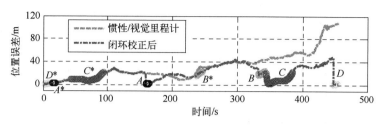

图 4.14　位置估计误差比较

4.2.2.3　车载实验验证

在前面的数据集测试中,由于几个闭合的路段较为分散,而且相对较短,因此无法有效评估序列图像匹配算法的识别率等性能,为此专门设计了跑车实验,如下所示。

实验一:连续绕圈

车载实验平台的详细介绍请参考 5.2.1 节中的相关内容。实验车绕长沙市内某一小区重复行驶两圈,历时 460s,总路程 2.46km,轨迹如图 4.15(a)所示。本节中使用的相机型号为(相机:PointGrey,BFLY-U3-03S2M;镜头:Theia,SL183M),其详细的技术指标请参考表 4.2 中的"相机 A"。由于相机的帧率为10Hz,在整个过程中共计采集 4600 帧图像,利用惯性/视觉里程计推算载体的行进距离,当图像间的空间距离大于 1m 时,创建为节点,其余图像抛弃,共计剩余 1843 帧图像作为节点。原始图像大小为 640×480,在序列图像匹配时压缩为32×24(0.25%),极大地减小了存储量和计算量。将第一圈创建的节点作为模板库,用于测试第二圈行车时节点场景的识别效果,正确率和识别率的关系曲线如图 4.15(b)所示,在确保节点识别正确率为 100% 的条件下,最大的识别率为 87.9%。结果表明,在惯性/视觉里程计的辅助下,可以有效提高序列图像匹

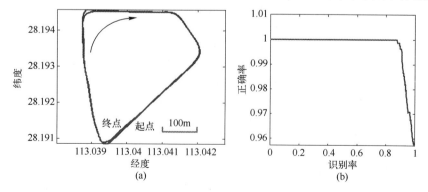

图 4.15　连续绕圈实验中序列图像匹配结果

(a)行车轨迹;(b)正确率与识别率关系曲线。

配的性能,在图像分辨率被极大压缩后(32×24),仍能达到非常好的识别效果[56]。

实验二:不同时段

在上文中的连续绕圈实验中,前后两圈经过同一节点的时间差约为 4min,因此,光照条件、路况等都非常接近,为了验证序列图像匹配方法对于光照等条件的鲁棒性,特选择不同的时段进行行车载实验,行车轨迹如图 4.16 所示。

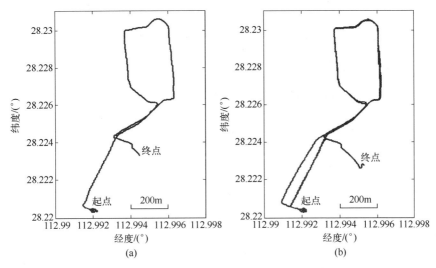

图 4.16　不同时段的行车轨迹
(a) 轨迹一(傍晚);(b) 轨迹二(上午)。

轨迹一:时间为 2016 年 12 月 7 日傍晚(17:09—17:19),行车距离约为 2.74km,用时 614s。

轨迹二:时间为 2016 年 12 月 9 日上午(10:30—10:51),行车距离约为 5.70km,用时 1269s。

与轨迹一相比,轨迹二的行程较长,覆盖的路段较多,因此选择轨迹二中的图像数据创建节点库,用轨迹一中的图像数据测试序列图像匹配算法,图像的压缩、节点的创建等过程与上文中的绕圈实验相同,在此不再赘述。不同时段条件下位置场景识别结果如图 4.17 所示。在确保节点识别正确率(Precision)为 100%的条件下,最大的识别率(Recall)为 48.1%;在识别率(Recall)为 100%的条件下,节点识别的正确率(Precision)为 85.7%。结果表明,本书提出的惯性/视觉里程计辅助的序列图像匹配方法,对于光照、路况等条件的变化具有很好的适应性。

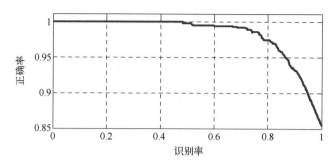

图4.17 不同时段条件下序列图像匹配结果

4.3 场景特征的仿生表达方法

4.2节中进行场景的相似性度量时,是通过直接比较两幅图像的灰度值(即把像素值作为特征),这是最简单直接的一种方法,同时也具有很大的提升空间。良好的特征表达,对场景识别起着非常关键的作用,目前,在机器视觉领域出现了许多优秀的特征表达方法,如SIFT(Scale-Invariant Feature Transform)[70]、HOG(Histogram of Oriented Gradient)[133]、MSLD(Mean-Standard deviation Line Descriptor)[134]等,但这些特征的表达方法一般都是人工完成的,该过程需要很多专业研究者的不断探索和尝试,并且需要大量的时间调节参数;另外,对于很多任务来说,也很难知道应该提取哪些特征。能不能自动地学习一些特征呢?本节中,基于人脑的视觉机理,研究仿生场景特征的表达与学习方法,使用人工神经网络来自动学习场景特征的表达方法,学习到的特征表达可以比手动设计的特征表达表现得更好,并且只需很少的人工干预[85]。

▶ 4.3.1 大脑视觉机理与人工神经网络

1958年,D. Hubel和T. Wiesel在研究瞳孔区域与大脑皮层神经元的对应关系时,发现了一种具有"方向选择性(Orientation Selective)"的神经细胞,并因此获得了1981年的诺贝尔医学奖[135]。该发现促使学者们开始对视神经系统模型进行深入研究,结果表明,大脑中的信息处理是一个不断迭代、抽象的过程;从原始信号摄入(视网膜图像采集),随后进行初步处理(方向选择细胞提取边缘及其方向),过渡到低级抽象(物体的局部轮廓),迭代至高级抽象(判定该轮廓为人脸)。

进一步的研究发现,人类神经网络的确有层的概念(至少是大致上)。以视觉系统为例,人们已经很清楚视网膜的视锥细胞输入的信号和数码相机差不太多,不同种类的视锥细胞对不同频率(颜色)的光敏感度不同,之后进入神经元进行处理,将图像的边缘增强、缩放比例等处理好;进入视觉皮层后,第一层(V1)主要负责图像边缘检测,第二层(V2)负责长轮廓的拼接,第四层(V4)开始负责一些简单的轮廓识别等,如图 4.18 所示。

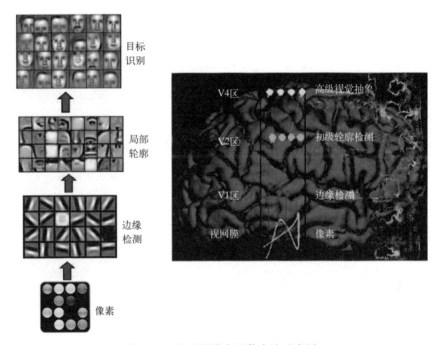

图 4.18　人脑视觉主要信息流示意图

基于以上大脑视觉机理,20 世纪 80 年代以来,人工神经网络(ANN)逐渐成为人工智能领域的研究热点。人工神经网络从信息流的角度对生物神经网络进行模拟,它由大量的节点(即神经元)及其相互连接构成,如图 4.19 所示。神经网络的结构由节点(神经元)间的连接方式决定,其输入层的结构由输入矢量(采集的数据)决定,输出层的结构由具体的应用(预测类型)决定,隐含层数及节点数决定了网络的规模及其分类能力。

输入信息由低层的神经元沿着有向边(不可逆)流入高层神经元,每条边对应一个权重 w,该权重通过学习的过程得到;每个神经元都是一个计算单元,可以通过一个激励函数 $f(z)$ 来表示,通常选择 Sigmoid 函数,即

$$f(z) = \frac{1}{1+\exp(-z)} \tag{4.11}$$

式中：$z = \sum wx$，w 为权重，x 为输入信号（图 4.19）。依据式（4.11）可以计算此时该神经元的状态（激活或未激活），该状态在网络中依次传递下去。权重 w 即相当于神经网络的记忆，可以通过学习（或称训练）得到。

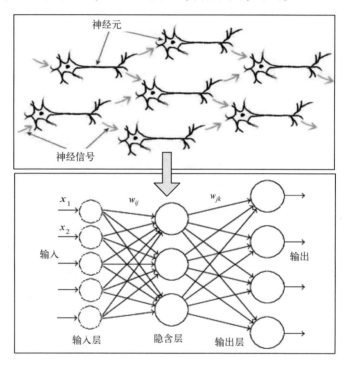

图 4.19　大脑的神经元结构与人工神经网络示意图

人工神经网络的训练过程通常采用梯度下降法，然而，当网络的层数过多时（7 层以上），就会出现所谓的"梯度弥散"问题。为了解决该问题，多伦多大学教授 G. Hinton[136] 于 2006 年提出了深度学习（Deep Learning, DL）的概念，采用逐层训练（Layer-wise）的机制克服深度神经网络在训练上的难度，其核心是：这些层是通过算法从数据中自动学习得到的，而不是由研究者手工设计；文献[135] 中详细介绍了深度学习的基本原理、核心优势和发展前景。

4.3.2　基于卷积神经网络的场景特征表达方法

在图 4.19 中所示的人工神经网络中，相邻层的所有节点之间均相互连接；此时，权重的个数（网络的参数）约为节点个数的平方量级，随着网络规模的增大,网络参数将会迅速增加,使得网络的训练难度增大,而分类(或识别)的效果反而会降低[135]。针对上述问题,卷积神经网络采用权值共享的结构,降低了网络模型的复杂度,且卷积神经网络与生物大脑的神经网络有相似的结构,其中的卷积层和池化层类似于视觉神经中的简单细胞和复杂细胞[137]。当给予相同图片时,卷积神经网络的输出与猴子大脑中下颞叶皮质的 160 个神经元的激活状态基本一致。

卷积神经网络由一系列的卷积层、池化层、全连接层等构成,如图 4.20 所示。网络的节点蕴含在特征映射块(Feature Maps)中,卷积层的功能是建立各特征映射块到下一层网络节点的映射关系,特征映射块中所有的节点共享相同的过滤器(或称为卷积核,即权重共享),加权和的结果被送到非线性激活函数中。池化层的作用是合并特征相似的地方,通常是采用计算一个局部块的最大值的方式,从而减少了维数,增加了移动或旋转的不变性。全连接层的作用类似于图 4.19 中的输出层,其结构由具体的应用所决定。

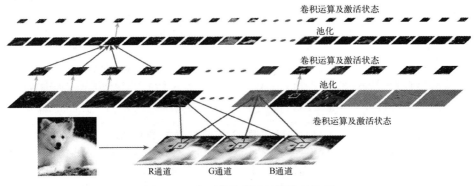

图 4.20 典型的卷积神经网络结构图

卷积神经网络的结构使二维图像矩阵可以直接输入,且对目标的平移、旋转、缩放等变形具有高度不变性;另外,权重共享的策略使网络结构变得更简单,适应性更强,因此,其在图像识别和语音分析领域中得到了广泛的应用。

在 2016 年国际计算机视觉与模式识别会议(IEEE Conference on Computer Vision and Pattern Recognition,CVPR)上,Relja 等人介绍了他们将深度卷积神经网络应用于位置场景识别的研究工作[138]。他们首先使用 Google Street View Time Machine 建立了大规模的位置标记数据集,随后提出了一种卷积神经网络架构:NetVLAD——将 VLAD 方法嵌入到 CNN 网络中,算法的原理如图 4.21所示。

VLAD(Vector of Locally Aggregated Descriptors)是一种对局部特征进行编码

的方法,通过挖掘这些局部特征之间的相关信息,可以增强判别能力和检索速度[139]。该方法首先利用 k-means 得到包含 k 个中心的样本,然后,每个局部特征被指派给离它最近的中心点(Hard-assignment),最后,将这些局部特征与其指派的中心点之间的残差累加作为最终的图像表示。VLAD 方法不关心局部特征的空间位置,因此可以进一步解耦全局空间信息,对几何变换具有很好的鲁棒性。

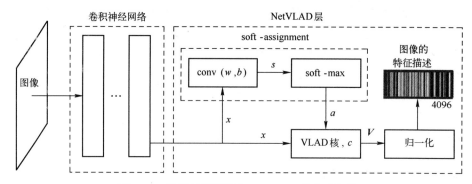

图 4.21　卷积神经网络与 NetVLAD 的集成架构

原始的 VLAD 方法中的 hard-assignment 操作是不可微的(将每个局部特征指派给离它最近的中心点),因此,不可以直接嵌入到 CNN 网络里参与误差反向传播的训练过程。文献[138]使用 soft-max 函数将此 hard-assignment 操作转化为 soft-assignment 操作:使用 1×1 卷积和 soft-max 函数得到该局部特征属于每个中心点的概率/权重,然后,将其指派给一个综合加权后的中心点(VLAD核),随后,在图 4.21 中的 VLAD 核内完成相应的累积残差操作,最后对矢量 V 进行归一化操作从而得到图像的特征描述。下文中将使用这个自动学习得到的图像特征(非人工设计的特征)进行节点识别实验。

 4.3.3　车载实验验证

为了验证仿生场景特征表达方法的稳健性,本节中重点关注不同相机间(主要是视角大小不同)在不同时段(主要是光照条件不同)的图像特征的匹配效果。本节中使用的两套相机如图 4.22 所示,即相机 A(相机:PointGrey,BFLY-U3-03S2M;镜头:Theia,SL183M)和相机 B(双目相机的左目,PointGrey,Bumblebee2)。两套相机的技术指标如表 4.2 所列,二者之间最大的区别是相机的视角大小不同:相机 A 的视角为 105×90°,相机 B 的视角为 66×52°。另外,相机 A 为黑白相机,相机 B 为彩色相机。关于车载实验平台更详细的描述请参考 5.2 节中的相关内容及图 5.3。

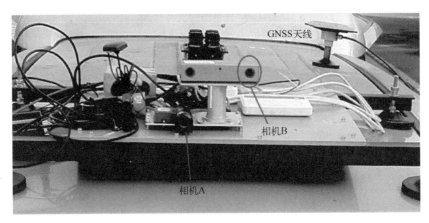

图 4.22 车载实验平台

实验车行驶轨迹请参考图 4.16 及文中的相关介绍,在 4.2 节的序列图像匹配算法中,用于实验验证的数据来自于相机 A 在不同时段拍摄的图像,在进行相似性度量时,直接比较两幅图像的灰度差值,见式(4.6),该方法通过一些图像局部增强的手段减弱了光照变化对于场景识别的影响[78],然而,这种方法从原理上就决定了其对于视角变化非常敏感,若将 4.2 节中的序列图像匹配算法直接用于两个不同相机间图像的比较,结果如图 4.23(b)中的黑色实线所示,场景识别效果非常不理想。

表 4.2 两个相机的技术指标比较

类 别	技 术 指 标	采 样 频 率
相机 A	黑白相机 分辨率:648×488 像素 焦距:1.8mm 视角:105×90°	10Hz
相机 B	彩色相机 分辨率:640×480 像素 焦距:3.8mm 视角:66×52°	10Hz

图 4.23 中的"1A"表示在"轨迹 1"上使用"相机 A"采集的数据,"2A""2B"的概念与之类似;图中标注的"Seq"表示采用 4.2 节的序列图像匹配算法,"NetVLAD"为本节中介绍的基于卷积神经网络自动学习得到的图像特征(仅使用单帧图像特征进行节点识别),"Seq+NetVLAD"表示将两种方法进行结合,即使用 NetVLAD 特征替换序列图像匹配中的图像灰度特征。其中,图 4.23(a)中的黑色实线即为图 4.17 中的节点识别结果。图 4.23(c)中的"线下面积"表示的

是"正确率–识别率"曲线下的面积,其数值位于 0~1,线下面积越大,说明节点识别效果越好。

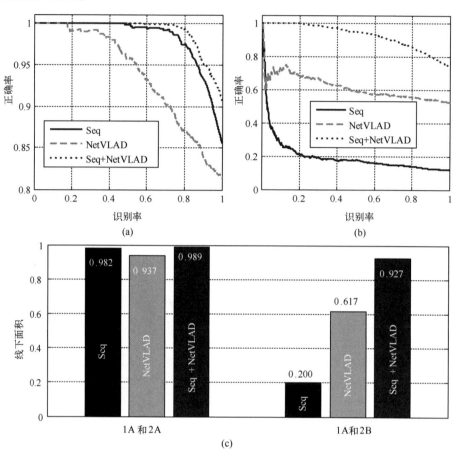

图 4.23　不同条件下各方法的节点识别结果比较
(a) 1A 和 2A;(b) 1A 和 2B;(c) 线下面积比较。

结果表明:

(1) 对于同一相机采集的图像场景识别问题,3 种方法均取得了较好的识别效果。其中,序列图像匹配的详细结果请参考 4.2.2 节中的相关内容;当采用自动学习得到的图像特征(NetVLAD)进行节点识别时,仅使用单帧图像特征进行识别就可以获得较好的效果,线下面积为 0.937;将两种方法结合起来之后的效果最好,线下面积达到了 0.989。

(2) 对于不同相机间(视角不同)的图像匹配问题,采用深度神经网络自动学习得到的图像特征(NetVLAD)具有很好的适应性,使用单帧图像特征进行识别时线下面积为 0.617,远高于上节中介绍的序列图像匹配方法(其线下面积为 0.200);若用 NetVLAD 特征替换序列图像匹配中的图像灰度特征,则可以很好地解决不同相机间的图像匹配问题,其对应的线下面积为 0.927。

4.4　导航拓扑节点的构建方法

4.4.1　导航拓扑节点的构建原理

　　拓扑图(Graph)是一种用来记录关联、关系的结构,一张拓扑图由多个**节点**(Vertex)以及多个**边**(Edge)所构成,若两个节点间以边相连接,表示这两个节点是**连通**的,如图 4.24 所示。如果拓扑图的边被赋予了方向(单向连通),则称拓扑图为**有向图**;如果拓扑图的边赋有一个实数权重,则称其为**赋权图**;同理,如果拓扑图的边既被赋予了方向又被赋予了权重,则称其为**有向赋权图**。

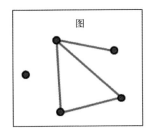
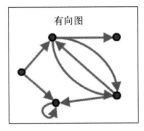
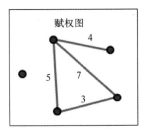

图 4.24　拓扑图的组织形式

　　由于其简洁清晰的表达方式,拓扑图被广泛应用于道路交通、网络通信、输电线路、社会关系网络等领域。在本书的导航应用背景下,拓扑图中的节点对应环境中的位置或者一个小的区域,对每个节点赋以当地地理坐标,拓扑图的边对应于节点间的连通关系。特别地,将拓扑图中的各节点与导航信息建立对应关系后即构成**导航拓扑图**。

　　导航拓扑图以节点为基本单元、以连通图为组织结构,其中每个导航拓扑节点包含一组特征,如视觉特征、地理特征等。在拓扑空间中导航定位,首先需要建立导航拓扑图,也就是创建节点以及节点间的连通关系。已知拓扑图的条件下,根据载体在当前位置所采集的环境特征,在拓扑图中搜索具有相似特征的节点,从而实现定位;依据节点间的连通关系,即可在导航拓扑图中完成最优路径规划,从而引导运动体从起始点到达目的地;关于路径规划方法,本书不作展开讨论。本节中重点研究导航拓扑节点的构建方法,其原理如图 4.25 所示。

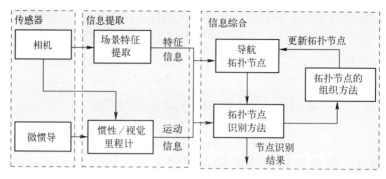

图 4.25　导航拓扑节点的构建原理

　　导航拓扑节点的构建可以分为 3 个层次,分别是传感器层、信息提取层和信息综合层。针对不同的应用需求,需设计相应的传感器组合模式,并对传感器的数据进行预处理从而提取出有效信息,进而对信息进行综合处理以形成导航拓扑节点。本书中的节点信息主要包括位置场景的视觉特征信息、场景的地理坐标等,因此,在构建导航拓扑节点时,所用到的传感器主要包括相机、微惯导和GNSS(作为位置基准)信息,将传感器输出的原始数据进行预处理后可以获得场景的特征信息及载体的运动信息,详细内容请参考 4.3.2 节中基于卷积神经网络的场景表达方法,以及 5.2 节中惯性/视觉组合导航系统设计中的相关介绍。

　　在离线创建拓扑节点时,可以使用 GNSS 的位置信息作为精确基准;对于在线的位置场景识别过程,则仅由惯性/视觉里程计实时的导航结果提供辅助的运动信息,惯性/视觉里程计输出的运动信息也可以用来在线创建拓扑节点,详见 4.2.2 节中的相关内容及图 4.7;此时,实验平台中的 GNSS 信息将用来评估组合导航系统的性能。在构建导航拓扑节点时,除了要建立节点的视觉特征信息之外,还需建立场景信息的可用性判别准则及其对应的位置误差范围,提取相应参数,为数据融合算法的先验概率估计模型提供参照,以实现信息的有效利用。

4.4.2　导航拓扑节点的组织方法

　　在 4.2 节基于网格细胞模型的节点识别方法中,已简单介绍了导航拓扑节点的创建原则——等距离创建,其思路来自于动物大脑中网格细胞特性,且等距离创建导航拓扑节点与序列图像匹配方法的应用需求相契合,减小了场景匹配时的搜索空间,同时提高了节点识别的正确率,详见 4.2 节中的相关分析。本节中在创建拓扑节点时依然采用“等距离创建”的原则,每个节点包含的视觉特征采用基于卷积神经网络的仿生场景特征表达方法,详见 4.3.2 节中的相关内容。然而,将上文中创建的导航拓扑图用于校正组合导航系统的误差时,会面临以下几个问题:同一个节点对应多个视觉场景特征;同一个特征可能对应多个节点位置;如何有效地融合目标区域内多组不同类型的特征信息。

上述第一个问题通常是由光照条件、季节变化等引起的视觉场景特征的变化,同时也可能由于相机的视场角不同、相机的朝向不同等引起非常大的视觉差异,如图 4.26 所示。图中展示了同一节点可能对应多个视觉场景,其中各场景对应的拍摄时间、相机类型、相机朝向等信息如下所示。

场景一:2016-12-09,10:35,相机 A(黑白),大视场,朝向东北方向。

场景二:2016-12-15,18:40,相机 A(黑白),大视场,朝向东北方向。

场景三:2016-12-09,10:35,相机 B(彩色),小视场,朝向东北方向。

场景四:2016-12-09,10:39,相机 B(彩色),小视场,朝向西南方向。

拍摄上述场景所用的两款相机已在 4.3.3 节做了详细的介绍,其技术指标如表 4.2 所列,在此不再赘述。需要特别说明的是,图 4.26 中对相机 A 拍摄的照片进行了适当裁剪(保留上方 3/4 的区域),这是由于相机 A 的视场较大,图像下方 1/4 的区域为实验车的车顶。另外,针对晚上拍摄的视觉场景二中的图像,对其色阶进行了手动调整(原始图像的绝大部分区域都非常暗),以便于在图中进行清晰的展示。

视觉场景一

视觉场景二

视觉场景三

视觉场景四

图 4.26　同一节点对应多个视觉场景

上文中提及的第二个问题多发生在区域内特征比较接近的环境中,如城市或乡村的道路中,会有很多相似的建筑物,有时即使是人眼也难以区分;载体运动过程中,在不同的位置会拍摄到非常相似的图像,这也是在节点识别时面临的最大挑战之一。另外,在创建节点时,若两个节点间的距离很小(如1m),则它们对应的视觉场景可能会非常接近,从而无法分辨载体在当前时刻位于哪个节点位置。

在多源导航应用中,通常会面临上述第三个问题。由于不同传感器提供的数据类型不同,从中提取出的导航经验知识也千差万别,节点中就会包含多组不同类别的特征(如视觉场景特征、地形特征、重力场特征、地磁场特征等)。如何有效地融合目标区域内多组不同类型的导航经验知识,构建包含多种特征的导航拓扑图,实现对多源异构导航信息的优化组织,也是需要重点考虑的问题。

针对上述几个问题,本书中提出了基于映射关系的导航拓扑节点组织方法,从而实现对导航经验知识的有效组织和利用。导航拓扑图的节点对应环境中的位置或者一个小的区域,对每个节点赋以当地地理坐标;拓扑图的边对应节点间的连通关系。特别地,各节点的内涵中包含从多个传感器数据中提取出的导航经验知识,即节点中包含多组不同类别的特征,该导航拓扑图是系统对环境的整体认知结果。本书中通过建立节点与多种特征间的映射关系矩阵实现对导航经验知识的有效组织和利用,以视觉场景特征为例,基于映射关系的导航拓扑节点组织方法如图 4.27 所示。

图 4.27 中左侧的节点库采用传统意义上图的表示方法,即图 $G=\{V,E\}$,$V=\{v_1,v_2,\cdots,v_n\}$,$F=\{e_1,e_2,\cdots,e_m\}$,各节点间通过关联矩阵 $M(G)$ 建立连通关系,这种矩阵表示方法有利于计算机的存储和计算,而其图形表示方法则有利于人的直观理解。

将拓扑图中的各节点与导航信息建立映射关系后即构成导航拓扑图,图 4.27 中的映射关系矩阵 $F=(f_{ij})$ 即建立了节点与视觉场景特征间的对应关系,其纵轴(矩阵的行)为节点序号、横轴(矩阵的列)为场景特征序号,矩阵 F 的每个元素 f_{ij} 表示了第 i 个节点与第 j 个视觉场景特征的对应关系。同一个节点可以对应多个视觉场景特征,而同一个特征也可能对应多个节点位置,因此,上文中提到的几个问题就得到了很好的解决。总体来讲,映射关系矩阵 F 是稀疏的,如图 4.27 所示,这非常有利于计算机的存储和搜索节点。

多个目标区域内、多组不同类型导航拓扑图的融合扩展方法如图 4.28 所示。每个目标区域对应唯一的拓扑节点库,用图 $G=\{V,E\}$ 建立各节点间的连通关系,多个目标区域内节点库的扩展即重新建立更多节点间连通关系的过程,原有的节点间的连通关系保持不变,只需增加少数邻接区域的连通关系即可(与真实的道路连通相对应)。针对不同类型特征库的扩展,需对每一种类型的特征(如视觉场景特征、地形特征、重力场特征、地磁场特征等)建立对应的特征库,然后,对映射关系矩阵进行扩展,分别建立各拓扑节点与不同类型的特征间的映射关系即可。

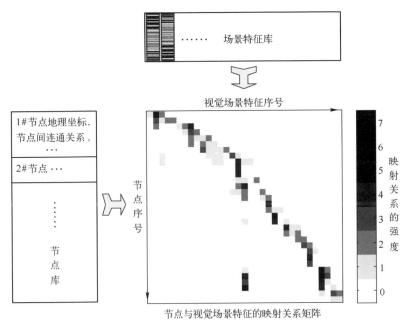

图 4.27　基于映射关系的导航拓扑节点组织方法

在节点识别的具体应用中,通常是根据载体在当前时刻获得的环境特征,在特征库中寻找与之最接近的那个特征,进一步根据映射关系矩阵 F 找到相关的几个节点,该特征对应的几个候选节点即类似于统计分析中**置信区间**的概念。有些特征可能只对应唯一的一个节点,说明其置信区间很小,对应较高的位置精度;有些特征会对应多个节点,说明其置信区间很大,对应的位置精度较低。在下一步的多传感器信息融合中,可据此建立场景特征信息的可用性判别准则及其对应的位置误差范围,以实现信息的有效利用。

元素 f_{ij} 的数值大小代表了映射关系的强度,其数值为大于等于零的整数,如图 4.27 和图 4.28 中右侧的标度尺所示。在离线(或在线)构建导航拓扑图时,若系统在第 i 个节点采集到第 j 个特征 1 次,则元素 f_{ij} 的值就累加 1,若平台中有 2 个不同类型的相机同时提取得到了第 j 个视觉场景特征(特征间的距离小于某阈值,则认为是同一特征),则元素 f_{ij} 的值就累加 2。该模型借鉴了生物在空间认知中所具有的学习能力,随着环境熟悉度的增加(经验的增加),节点

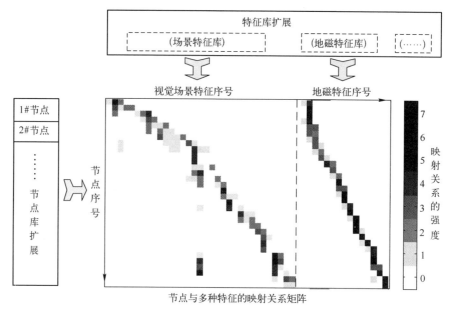

图 4.28　不同类型导航信息的融合扩展示意图

与特征间的映射关系也得到了加强,导航定位的效率和精度会逐步提高。传统的导航方法(如惯性导航),在同一片区域沿同一路径运行 1 次与 10 次,导航的精度基本不变。

在实际应用中,将映射关系矩阵 **F** 按列(即每个特征对应的所有节点)进行归一化处理,即可得到第 j 个特征对应第 i 个节点的概率,即类似于统计分析中**置信度**的概念,为数据融合算法提供先验概率估计模型。

根据以上导航拓扑节点的组织方法,构建了校园内主干道路的导航拓扑图。车载实验平台的详细介绍请参考图 4.22、图 5.3 以及 5.2 节中的相关内容,下文中我们构建的导航拓扑图中仅包括视觉场景特征,实验车在校园内的道路上多次行驶,典型的行车轨迹如 4.2.2 节中图 4.16 所示。在描述节点对应的视觉场景特征时,同时使用两个不同类型相机的采样结果,相机的技术指标对比请参考表 4.2,实验过程中采集的几幅典型的视觉场景如图 4.26 所示。采用基于卷积神经网络的场景表达方法获得图像的特征信息,在离线创建拓扑节点时,使用 GNSS 的位置信息作为精确基准,在下文的节点识别过程中,则仅由惯性/视觉里程计实时的导航结果提供运动信息参考。最终构建的导航拓扑图如图 4.29 所示。

图 4.29 中的曲线展示了各节点间的道路连通关系,根据导航拓扑节点间的连通关系就可以快速地进行从当前节点到目标节点的最优路径规划,从而引

导无人平台安全、快速地到达目的地,这部分内容不是本书研究的重点,因此不再深入讨论。

图4.29中每个节点的灰度代表了该节点对应的场景特征的个数,如图中右侧的标度尺所示。其中,全程绝大多数区域中拓扑节点对应的场景特征个数为2~10,如轨迹中上下两个环形区域。中间的一段路径中拓扑节点对应的场景特征数量则达到了10~18,这是由于实验车在该路段先后沿着两个方向行进,而在其他路段均是沿着同一方向行进(单行路),因此在双向通行的路段,拓扑节点的经验知识中包含了朝向两个相反方向的视觉场景特征,请参考图4.26中的场景三和场景四,所以在双向通行的路段其拓扑节点对应的场景特征个数约为单行路的两倍。

同样是位于单行路区域的拓扑节点,其对应的场景特征的数量也不是恒定的,这主要是因为每个节点对应不同的环境特征,有些节点对应的环境特征比较稳定,因此,这些节点对应的特征个数就比较少;反之,在另一些区域则需要较多的视觉场景特征才能完成对该节点的描述。图4.29中构建的是一个适用于多种环境条件(多个相机、多个视角、不同光照条件、不同路况等)的导航拓扑图,其中所蕴含的导航经验知识也会随着对环境的熟悉过程而逐渐增加。需要特别指出的是,在构建环境的导航拓扑图时,没有使用2016年12月7日傍晚在校园内进行的车载实验数据,这组数据将会在5.3节中用于验证本书提出的基于航向/位置约束的仿生导航算法。

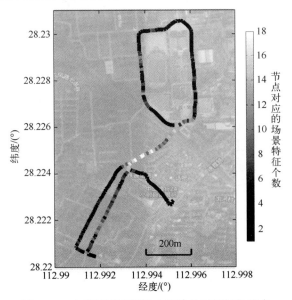

图4.29 在校园道路环境中构建的导航拓扑节点

4.5　本章小结

本章首先介绍了基于偏振视觉的图像增强方法,结果表明,基于对场景的偏振分析,可以消减光线在空气中传播时受到的干扰,从而还原场景的真实信息,使场景图像得到显著增强;同时,偏振模式还为场景理解提供了额外的信息,有助于场景辨识和目标探测;在"折射-反射"场景中,利用偏振分析可以实现透射场景和反射场景的重建,从而消除它们之间的相互干扰,使得观测目标的轮廓及纹理细节更加清晰。

其次,研究了基于网格细胞模型的序列图像匹配方法,并将其与微惯性/视觉里程计进行组合,形成了一种几何空间+拓扑节点组合导航的框架,里程计的信息用来辅助创建拓扑节点,并且采用多尺度序列长度相结合的方法,从而显著提高了序列图像匹配的性能;当节点被识别出来后,其对应的信息作为滤波器的观测量,进而修正惯性/视觉里程计的导航误差。

随后,基于人脑的视觉机理以及人工智能领域最新的深度学习算法,探索了基于卷积神经网络的场景特征表达方法,让机器学习算法学会发现更加优秀、稳定的场景特征。特别地,针对不同相机间(视角不同)的图像匹配问题开展了实验验证,结果表明,采用深度神经网络自动学习得到的图像特征(NetVLAD)具有很好的适应性,将 NetVLAD 特征与序列图像匹配算法相结合后,可以很好地应对不同相机间的图像匹配问题。

最后,研究了导航拓扑节点的构建方法。在拓扑图的基础上,为每个节点赋以从多个传感器数据中提取出的环境特征,从而构成导航拓扑图;为了实现对导航经验知识的有效组织和利用,本章提出了基于映射关系的导航拓扑节点组织方法,建立了节点与多种特征间的映射关系矩阵;基于对映射关系矩阵的分析,建立了经验知识的可用性判别准则及其对应的误差范围,为数据融合算法的先验概率估计模型提供参照。

第5章　基于航向/位置约束的仿生导航方法

准确的航向参考和熟悉的节点地标是引导候鸟实现远距离迁徙的重要信息,这为无人平台的导航提供了重要借鉴;受此启发,本章重点研究基于航向/位置约束的仿生导航算法。综合前面几章的内容,利用本书中设计的偏振视觉传感器,结合微惯性测量单元、单目相机共同构建组合导航系统的硬件基础。以惯性/视觉组合导航完成几何空间内的航迹推算,以光罗盘定向结果作为航向约束,以节点识别结果形成位置约束,实现"航迹推算+航向约束+位置约束"的仿生导航模式。

首先,构建了基于航向/位置约束的组合导航系统模型,利用基于奇异值分解的可观性分析方法,通过理论分析和仿真实验证明了引入航向/位置约束的必要性;其次,介绍了复杂环境下阵列式光罗盘定向方法,并将光罗盘的航向信息用于辅助微惯性/视觉组合导航系统;最后,在航向约束的基础上,进一步将节点识别结果作为位置约束,实现了基于航向/位置约束的仿生导航算法,通过车载实验数据对本书提出的方法进行了验证,并分析了实验结果。

5.1　组合导航系统模型与可观性分析

在组合导航系统的传感器集成中,本书选择的是微惯性测量单元(MIMU)、偏振光罗盘、工业相机3个主要器件,它们具有如下几个共同的特点。

(1)被动式测量,不主动向外发射信号,因此隐蔽性比较好,适合于侦查、打击等作战环境,不易被发现。

(2)抗干扰性强,惯性器件的测量过程不依赖于任何外部信息,因此自主性极强;偏振光罗盘测量的是大气偏振模式,因此很难被人工干扰;相机采集的是环境中的图像特征,在较大范围内不易被人工干扰。

(3)可实现微小型化,目前,微惯导、相机可参看智能手机中相关器件的尺寸,而偏振光罗盘也可以做到手机摄像头的大小,这将显著降低组合导航平台的体积、质量、功耗、成本等,扩大其应用范围。

▶ 5.1.1 组合导航系统模型

5.1.1.1 状态方程

组合导航系统采用扩展卡尔曼滤波(EKF)对传感器信息进行融合,以基于MIMU 的捷联惯性导航作为参考系统,与微惯性相关的状态量包含系统的位置、姿态、速度、加速度计和陀螺的零偏,系统的状态矢量定义为

$$\boldsymbol{x}_{\mathrm{IMU}}(t) = \left[(\boldsymbol{p}_{WI}^W(t))^\mathrm{T}, (\boldsymbol{q}_{WI}(t))^\mathrm{T}, (\boldsymbol{v}_{WI}^W(t))^\mathrm{T}, (\boldsymbol{b}_a(t))^\mathrm{T}, (\boldsymbol{b}_g(t))^\mathrm{T} \right]^\mathrm{T} \quad (5.1)$$

式中:$\boldsymbol{p}_{WI}^W(t)$ 为 IMU 相对于世界坐标系(W 系)的位置;$\boldsymbol{q}_{WI}(t)$ 为从 IMU 坐标系(I 系,可以理解为是载体坐标系)到 W 系的旋转关系,采用姿态四元数的表示形式;$\boldsymbol{v}_{WI}^W(t)$ 为 IMU 相对于 W 系的线速度在 W 系中的投影;$\boldsymbol{b}_a(t)$ 和 $\boldsymbol{b}_g(t)$ 分别是 MIMU 的加速度计零偏和陀螺零偏矢量。

MIMU 的零偏建模为受高斯白噪声驱动的随机游走误差,且对于 MIMU 来讲,在进行惯导解算时可忽略与地球自转相关项。此时,系统的运动学方程可以表示为[140]

$$\dot{\boldsymbol{p}}_{WI}^W(t) = \boldsymbol{v}_I^W(t)$$

$$\dot{\boldsymbol{q}}_{WI}(t) = \frac{1}{2}\Omega(\boldsymbol{\omega}_m(t) - \boldsymbol{b}_g(t))\boldsymbol{q}_{WI}(t)$$

$$\dot{\boldsymbol{v}}_{WI}^W(t) = R(\boldsymbol{q}_{WI}(t))(\boldsymbol{a}_m(t) - \boldsymbol{b}_a(t)) + \boldsymbol{g}^W \quad (5.2)$$

$$\dot{\boldsymbol{b}}_a(t) = \boldsymbol{n}_a(t)$$

$$\dot{\boldsymbol{b}}_g(t) = \boldsymbol{n}_g(t)$$

式中:$\boldsymbol{\omega}_m(t)$ 和 $\boldsymbol{a}_m(t)$ 为 MIMU 测量的角速度和加速度;$\boldsymbol{g}^W$ 为当地重力矢量在世界坐标系的投影;$R(\boldsymbol{q})$ 为与四元数 $\boldsymbol{q}$ 相对应的方向余弦矩;$\Omega(\boldsymbol{\omega})$ 为四元数运算中的乘积矩阵,其定义为

$$\Omega(\boldsymbol{\omega}) = \begin{bmatrix} 0 & -\boldsymbol{\omega}^\mathrm{T} \\ \boldsymbol{\omega} & -[\boldsymbol{\omega}\times] \end{bmatrix}, \quad [\boldsymbol{\omega}\times] = \begin{bmatrix} 0 & -\omega_z & \omega_y \\ \omega_z & 0 & -\omega_x \\ -\omega_y & \omega_x & 0 \end{bmatrix} \quad (5.3)$$

根据式(5.2)即可实时递推出系统的运动参数(即纯惯性导航过程),而**视觉里程计**是根据相机(单目或多目)所采集的序列图像信息,得到载体运动时位姿(位置和姿态)变化的过程[53, 141, 142]。本书中选择 Libviso 2(LIBrary for ViSual Odometry 2)作为视觉里程计的算法,其采用最小化匹配特征点的重投影误差估计相邻帧间载体的位姿增量 $\boldsymbol{T}_{k,k-1}$,即

$$\boldsymbol{T}_{k,k-1} = \begin{bmatrix} \boldsymbol{R}_{k,k-1} & \boldsymbol{t}_{k,k-1} \\ \boldsymbol{0} & 1 \end{bmatrix} \quad (5.4)$$

式中:$\boldsymbol{R}_{k,k-1} \in SO(3)$ 为三维空间中的旋转矩阵;$\boldsymbol{t}_{k,k-1} \in \mathbb{R}^{3 \times 1}$ 为三维空间中的平移矢量。因此,视觉里程计的输出量为系统在不同时刻(即相邻两帧图像的拍摄时刻)的相对位姿,而标准的卡尔曼滤波器要求观测量与历史状态相互独立。为了有效地融合惯性、视觉里程计的信息,本书中借鉴文献[143]中的思路,将前一帧图像拍摄时刻的 IMU 的位姿信息增广到系统状态矢量中,增广后的状态矢量为

$$X(t) = \left[(\boldsymbol{x}_{\mathrm{IMU}}(t))^{\mathrm{T}}, (\boldsymbol{p}_{WI_1}^W(t))^{\mathrm{T}}, (\boldsymbol{q}_{WI_1}(t))^{\mathrm{T}} \right]^{\mathrm{T}} \tag{5.5}$$

式中:$((\boldsymbol{p}_{WI_1}^W(t))^{\mathrm{T}}, (\boldsymbol{q}_{WI_1}(t))^{\mathrm{T}})$ 为在前一帧图像的拍摄时刻 IMU 在世界坐标系下的位置和姿态四元数。

对应于式(5.5)的误差状态矢量定义为

$$\delta X = \left[(\delta \boldsymbol{x}_{\mathrm{IMU}})^{\mathrm{T}}, (\delta \boldsymbol{p}_{WI_1}^W)^{\mathrm{T}}, (\delta \boldsymbol{\theta}_{WI_1})^{\mathrm{T}} \right]^{\mathrm{T}} \tag{5.6}$$

式中:$\delta \boldsymbol{x}_{\mathrm{IMU}}$ 的各分量为

$$\delta \boldsymbol{x}_{\mathrm{IMU}} = \left[(\delta \boldsymbol{p}_{WI}^W)^{\mathrm{T}}, (\delta \boldsymbol{\theta}_{WI})^{\mathrm{T}}, (\delta \boldsymbol{v}_{WI}^W)^{\mathrm{T}}, (\delta \boldsymbol{b}_a)^{\mathrm{T}}, (\delta \boldsymbol{b}_g)^{\mathrm{T}} \right]^{\mathrm{T}} \tag{5.7}$$

式中:$\delta \boldsymbol{p}_{WI}^W$ 和 $\delta \boldsymbol{v}_{WI}^W$ 为系统位置误差和速度误差;$\delta \boldsymbol{b}_a$ 和 $\delta \boldsymbol{b}_g$ 为加表零偏误差和陀螺零偏误差,其真实值和估计值间的对应关系为 $\boldsymbol{x} = \hat{\boldsymbol{x}} + \delta \boldsymbol{x}$;对于姿态误差矢量 $\delta \boldsymbol{\theta}_{WI}$,其真实值和估计值间的对应关系定义为 $\boldsymbol{q} = \hat{\boldsymbol{q}} \otimes \delta \boldsymbol{q} = \hat{\boldsymbol{q}} \otimes [1, \delta \boldsymbol{\theta}^{\mathrm{T}}/2]^{\mathrm{T}}$,$\otimes$ 为四元数的乘法。

式(5.6)中,$\delta \boldsymbol{p}_{WI_1}^W$ 和 $\delta \boldsymbol{\theta}_{WI_1}$ 分别表示前一帧图像拍摄时刻对应的系统的位置误差和姿态误差。由于历史的位姿信息是确定的,在滤波过程中应保持不变,因此,有

$$\dot{\boldsymbol{p}}_{WI_1}^W = 0, \dot{\boldsymbol{q}}_{WI_1} = 0$$
$$\delta \dot{\boldsymbol{p}}_{WI_1}^W = 0, \delta \dot{\boldsymbol{\theta}}_{WI_1} = 0 \tag{5.8}$$

因此,对应于式(5.6)中定义的误差状态矢量的传播方程可以表示为

$$\delta \dot{X} = \begin{bmatrix} \delta \dot{\boldsymbol{x}}_{\mathrm{IMU}} \\ \delta \dot{\boldsymbol{p}}_{WI_1}^W \\ \delta \dot{\boldsymbol{\theta}}_{WI_1} \end{bmatrix} = \begin{bmatrix} \boldsymbol{F}_{\mathrm{IMU}} & \boldsymbol{0}_{3 \times 3} & \boldsymbol{0}_{3 \times 3} \\ \boldsymbol{0}_{3 \times 3} & \boldsymbol{0}_{3 \times 3} & \boldsymbol{0}_{3 \times 3} \\ \boldsymbol{0}_{3 \times 3} & \boldsymbol{0}_{3 \times 3} & \boldsymbol{0}_{3 \times 3} \end{bmatrix} \begin{bmatrix} \delta \boldsymbol{x}_{\mathrm{IMU}} \\ \delta \boldsymbol{p}_{WI_1}^W \\ \delta \boldsymbol{\theta}_{WI_1} \end{bmatrix} + \begin{bmatrix} \boldsymbol{n}_{\mathrm{IMU}} \\ \boldsymbol{0}_{3 \times 1} \\ \boldsymbol{0}_{3 \times 1} \end{bmatrix} \tag{5.9}$$

其中

$$\boldsymbol{F}_{\mathrm{IMU}} = \begin{bmatrix} \boldsymbol{0}_{3 \times 3} & \boldsymbol{0}_{3 \times 3} & \boldsymbol{I}_3 & \boldsymbol{0}_{3 \times 3} & \boldsymbol{0}_{3 \times 3} \\ \boldsymbol{0}_{3 \times 3} & -[(\boldsymbol{\omega}_m - \boldsymbol{b}_g) \times] & \boldsymbol{0}_{3 \times 3} & \boldsymbol{0}_{3 \times 3} & -\boldsymbol{I}_3 \\ \boldsymbol{0}_{3 \times 3} & -\boldsymbol{R}_{WI}[(\boldsymbol{a}_m - \boldsymbol{b}_a) \times] & \boldsymbol{0}_{3 \times 3} & -\boldsymbol{R}_{WI} & \boldsymbol{0}_{3 \times 3} \\ \boldsymbol{0}_{3 \times 3} & \boldsymbol{0}_{3 \times 3} & \boldsymbol{0}_{3 \times 3} & \boldsymbol{0}_{3 \times 3} & \boldsymbol{0}_{3 \times 3} \\ \boldsymbol{0}_{3 \times 3} & \boldsymbol{0}_{3 \times 3} & \boldsymbol{0}_{3 \times 3} & \boldsymbol{0}_{3 \times 3} & \boldsymbol{0}_{3 \times 3} \end{bmatrix}, \boldsymbol{n}_{\mathrm{IMU}} = \begin{bmatrix} \boldsymbol{0}_{3 \times 1} \\ \boldsymbol{0}_{3 \times 1} \\ \boldsymbol{0}_{3 \times 1} \\ \boldsymbol{n}_a \\ \boldsymbol{n}_g \end{bmatrix}$$

$$\tag{5.10}$$

5.1.1.2 观测方程

视觉里程计输出的是相邻帧间载体的位置、姿态增量,请参考式(5.4),其测量方程可以表示为

$$Z_{VO} = \begin{bmatrix} z_{\Delta p} \\ z_{\Delta q} \end{bmatrix} = \begin{bmatrix} (R(q_{WI_1}))^{\mathrm{T}}(p_{WI}^W - p_{WI_1}^W) + n_{\Delta p} \\ q_{I_1I} \otimes [1, (n_{\Delta\theta})^{\mathrm{T}}/2]^{\mathrm{T}} \end{bmatrix} \tag{5.11}$$

式中:$z_{\Delta p}$ 和 $z_{\Delta q}$ 为载体的位置、姿态增量;p_{WI}^W 和 $p_{WI_1}^W$ 分别为当前帧与上一帧图像拍摄时刻系统的绝对位置(相对于世界坐标系);q_{WI_1} 为上一帧图像拍摄时刻系统的绝对姿态;q_{I_1I} 为当前时刻系统相对于上一帧拍摄时刻的姿态增量;$n_{\Delta p}$ 和 $n_{\Delta\theta}$ 为相对位置、相对姿态的测量噪声,本书中将其建模为高斯白噪声。

将式(5.11)描述的测量方程进行线性化后可得

$$\delta Z_{VO} = \begin{bmatrix} H_{\Delta p} \\ H_{\Delta\theta} \end{bmatrix} \delta X + \begin{bmatrix} n_{\Delta p} \\ n_{\Delta\theta} \end{bmatrix} = H_{VO}\delta X + n_{VO} \tag{5.12}$$

其中

$$H_{VO} = \begin{bmatrix} R(\hat{q}_{WI_1})^{\mathrm{T}} & 0_{3\times3} & 0_{3\times9} & -(R(\hat{q}_{WI_1}))^{\mathrm{T}} & (R(\hat{q}_{WI_1}))^{\mathrm{T}}[(\hat{p}_{WI}^W - \hat{p}_{WI_1}^W)\times] \\ 0_{3\times3} & \frac{1}{2}R(\hat{q}_{I_1I}) & 0_{3\times9} & 0_{3\times3} & -\frac{1}{2}I_{3\times3} \end{bmatrix} \tag{5.13}$$

式中:H_{VO} 为对应于视觉里程计观测矩阵,其建立了系统状态空间到测量空间的映射关系,详细的推导过程可参考文献[143]。

偏振光罗盘的定向算法请参考 2.4 节中的相关内容,光罗盘可以为组合导航系统提供绝对航向观测,因此,对应于光罗盘的系统量测方程可以描述为

$$\delta Z_\psi = \delta\psi + n_\psi = H_\psi\delta X + n_\psi \tag{5.14}$$

式中:$H_\psi = [0_{1\times5} \quad 1 \quad 0_{1\times15}]$ 为观测矩阵;n_ψ 为航向角的量测噪声。

拓扑节点识别结果可以为组合导航系统提供绝对位置观测,其对应的系统量测方程可以描述为

$$\delta Z_P = H_P\delta X + n_P \tag{5.15}$$

式中:$H_P = [I_{3\times3}, 0_{3\times18}]$ 为观测矩阵;n_P 为位置观测噪声矢量。

由于各传感器间的采样帧率各不相同(表 5.2),本书中采用的滤波策略是 MIMU 进行 100Hz 的系统状态更新,当视觉里程计、光罗盘、拓扑节点识别这 3 个模块中任何一个输出有效数据时,进行对应的量测更新。每次量测更新后,利用估计的误差状态 δX 校正系统的标称状态。

需要特别说明的是,每次完成对应于视觉里程计的观测更新后,需要用当前时刻的状态替换式(5.5)和式(5.6)中前一帧图像对应的系统位姿信息及其对应的协方差矩阵。

5.1.2 系统可观性分析

5.1.2.1 基于奇异值分解的可观性分析方法

可观性的概念是由卡尔曼(Kalman)于 20 世纪 60 年代首先提出来的,可观性是对系统状态可估计性的描述,其基本定义如下[144, 145]。

对于任意未知的系统初始状态 $\boldsymbol{x}(t_0)$,如果存在有限的时刻 $t>t_0$,在区间 $[t_0, t]$ 获得的输入输出信息足以唯一地确定 $\boldsymbol{x}(t_0)$,则系统是**可观的**,否则,系统不可观。

线性定常系统的可观性分析比较容易,通常采用秩判据的方法;时变系统的可观性分析比较困难,通常将其近似为分段常值系统进行分析[146, 147]。针对本书中的具体问题,式(5.9)中描述的系统在每个特定的运行状态中均可近似为线性定常系统。

秩判据的定义如下:对于线性定常系统,有

$$\dot{\boldsymbol{X}}(t) = \boldsymbol{F} \cdot \boldsymbol{X}(t) + \boldsymbol{U}(t)$$
$$\boldsymbol{Z}(t) = \boldsymbol{H} \cdot \boldsymbol{X}(t) + \boldsymbol{V}(t) \tag{5.16}$$

系统状态完全可观的充分必要条件为

$$\text{rank}(\boldsymbol{Q}) = \text{rank}\left(\begin{bmatrix} \boldsymbol{H} \\ \boldsymbol{HF} \\ \vdots \\ \boldsymbol{HF}^{n-1} \end{bmatrix}\right) = n \tag{5.17}$$

式中:n 为系统的维数;$\boldsymbol{Q}$ 为系统的可观性矩阵。

对于 $\text{rank}(\boldsymbol{Q})<n$ 的情况,秩判据只能给出系统不可观的定性回答,并不能确定出不可观的状态,也不能确定出可观状态的可观测程度。另外,可观测的部分也可能并不是某一个状态,而是某些状态的线性组合[148]。

借鉴文献[149]中可观测性分析的思路,对可观性矩阵 $\boldsymbol{Q}$ 进行奇异值分解可得

$$\boldsymbol{Q} = \boldsymbol{U}\boldsymbol{\Sigma}\boldsymbol{V}^{\text{T}} \tag{5.18}$$

式中:$\boldsymbol{U} = [\boldsymbol{u}_1, \boldsymbol{u}_2, \cdots, \boldsymbol{u}_{pn}]$ 为 $pn \times pn$ 维的正交矩阵,p 为观测矢量的维数,n 为系统状态的维数;$\boldsymbol{V} = [\boldsymbol{v}_1, \boldsymbol{v}_2, \cdots, \boldsymbol{v}_n]$ 为 $n \times n$ 维的正交矩阵;$\boldsymbol{\Sigma} = \begin{bmatrix} \boldsymbol{S}_{n \times n} \\ \boldsymbol{0}_{(pn-n) \times n} \end{bmatrix}$,$\boldsymbol{S} = \text{diag}(\sigma_1, \sigma_2, \cdots, \sigma_n)$,$\sigma_1 \geq \sigma_2 \geq \cdots \geq \sigma_n \geq 0$ 为 $\boldsymbol{Q}$ 的奇异值。

根据 $\boldsymbol{v}_i$ 中各分量的系数可以得到奇异值 σ_i 所对应的系统状态变量或其线性组合[148]。令 $\boldsymbol{Y}=\boldsymbol{QX}$，两边同时乘以 $\boldsymbol{V}^{\mathrm{T}}\boldsymbol{Q}^{\mathrm{T}}$，则有

$$
\begin{aligned}
\boldsymbol{V}^{\mathrm{T}}\boldsymbol{Q}^{\mathrm{T}}\boldsymbol{Y} &= \boldsymbol{V}^{\mathrm{T}}\boldsymbol{Q}^{\mathrm{T}}\boldsymbol{Q}\boldsymbol{X} = \boldsymbol{V}^{\mathrm{T}}(\boldsymbol{U}\boldsymbol{\Sigma}\boldsymbol{V}^{\mathrm{T}})^{\mathrm{T}}\boldsymbol{U}\boldsymbol{\Sigma}\boldsymbol{V}^{\mathrm{T}}\boldsymbol{X} \\
&= \boldsymbol{V}^{\mathrm{T}}\boldsymbol{V}\boldsymbol{\Sigma}^{\mathrm{T}}\boldsymbol{U}^{\mathrm{T}}\boldsymbol{U}\boldsymbol{\Sigma}\boldsymbol{V}^{\mathrm{T}}\boldsymbol{X} = \boldsymbol{\Sigma}^{\mathrm{T}}\boldsymbol{\Sigma}\boldsymbol{V}^{\mathrm{T}}\boldsymbol{X} = \boldsymbol{S}^2\boldsymbol{V}^{\mathrm{T}}\boldsymbol{X}
\end{aligned}
$$

$$
= \begin{bmatrix} \sigma_1^2 \boldsymbol{v}_1^{\mathrm{T}}\boldsymbol{X} \\ \sigma_2^2 \boldsymbol{v}_2^{\mathrm{T}}\boldsymbol{X} \\ \vdots \\ \sigma_n^2 \boldsymbol{v}_n^{\mathrm{T}}\boldsymbol{X} \end{bmatrix}
\tag{5.19}
$$

式中：$\boldsymbol{V}^{\mathrm{T}}\boldsymbol{Q}^{\mathrm{T}}\boldsymbol{Y}$ 为观测矢量的组合；σ_i^2 为 $\boldsymbol{v}_i^{\mathrm{T}}\boldsymbol{X}$ 在观测量中的系数，在一定程度上反映了状态变量组合 $\boldsymbol{v}_i^{\mathrm{T}}\boldsymbol{X}$ 的可观测度，通常可以认为趋于零的那些奇异值所对应的系统状态变量或其线性组合是不可观测的[148]。

5.1.2.2 仿真实验及结果分析

针对式(5.6)中定义的系统状态，以及式(5.12)、式(5.14)和式(5.15)定义的观测方程，本节中重点开展多种组合条件下系统状态的可观性分析。由于MIMU 组件的精度比较低，难以独立地完成一段时间内(如 1min)的导航递推，特别是加速度计的输出要经过二次积分才能得到位置信息，导致位置误差发散很快。因此，本书在构建组合导航系统时，不再考虑单独使用 MIMU 进行路径积分，而是以微惯性/视觉组合导航模式实现几何空间内的航迹推算。

本节中，分别针对以下 4 种组合模式来分析系统状态的可观性：惯性/视觉组合导航；惯性/视觉+航向约束；惯性/视觉+位置约束；惯性/视觉+航向/位置约束。这几种模式对应的观测矩阵如表 5.1 所列。

对于 5.1.1 节中构建的组合导航系统，假设载体以 5m/s 的速度由西向东匀速运动(实际上，本例中速度的大小和方向均不影响可观性分析的结果)，根据秩判据可以得到上述 4 种组合导航模式对应的可观测状态(或某些状态的线性组合)的个数，结果如表 5.1 所列。基于奇异值分解的可观性分析方法可以得到可观测的状态(或其线性组合)，结果如图 5.1 所示和表 5.1 所列。

表 5.1 观测矩阵及其对应的可观性分析结果

观 测 矩 阵	可观测状态的个数 Rank($\boldsymbol{Q}$)	确定可观的状态 (序号)
$\boldsymbol{H}=\boldsymbol{H}_{VO}$	15	7, 8, 9, 12, 13, 14, 15
$\boldsymbol{H}=[\boldsymbol{H}_{VO}^{\mathrm{T}} \quad \boldsymbol{H}_{\psi}^{\mathrm{T}}]^{\mathrm{T}}$	16	6, 7, 8, 9, 12, 13, 14, 15
$\boldsymbol{H}=[\boldsymbol{H}_{VO}^{\mathrm{T}} \quad \boldsymbol{H}_{P}^{\mathrm{T}}]^{\mathrm{T}}$	18	1, 2, 3, 7, 8, 9, 12, 13, 14, 15
$\boldsymbol{H}=[\boldsymbol{H}_{VO}^{\mathrm{T}} \quad \boldsymbol{H}_{\psi}^{\mathrm{T}} \quad \boldsymbol{H}_{P}^{\mathrm{T}}]^{\mathrm{T}}$	19	1, 2, 3, 6, 7, 8, 9, 12, 13, 14, 15

图 5.1 中的横坐标为状态变量的序号,状态变量的定义请参考式(5.6),每 3 个变量为一组(对应 3 个坐标轴分量),各组变量的物理意义已在图中标出,从左至右依次是:位置误差(1-3)、姿态角误差(4-6)、速度误差(7-9)、加表零偏误差(10-12)、陀螺零偏误差(13-15)、相机上次采样时刻对应的位置误差(16-18)和姿态角误差(19-21)。图中的曲线表示奇异值($\sigma_i = 0; i \in [\text{rank}(\boldsymbol{Q})+1, n]$)所对应的系统状态的线性组合,因此,各个模式下曲线的条数为 $n - \text{rank}(\boldsymbol{Q})$。图中的"○"表示确定可观测的状态,即图中的曲线在这些状态的取值均为零;实际上,在基于奇异值分解的可观性分析过程中,均可以找到非零的奇异值($\sigma_i > 0; i \in [1, \text{rank}(\boldsymbol{Q})]$)与这些可观测的状态一一对应。

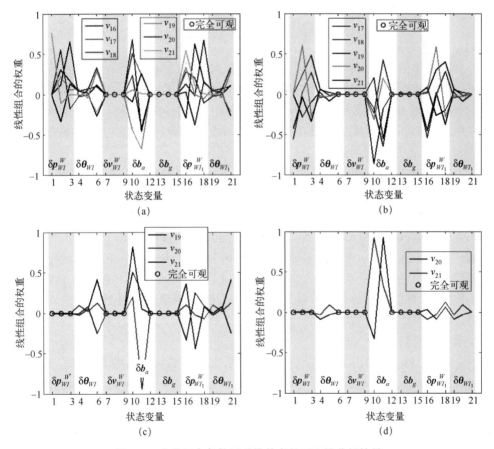

图 5.1　多种组合条件下系统状态的可观性分析结果

(a) 惯性/视觉组合导航;(b) 惯性/视觉+航向约束;

(c) 惯性/视觉+位置约束;(d) 惯性/视觉+航向/位置约束。

下文的分析中,将重点关注前 15 个状态的可观性,而对前一时刻的状态 (16~21) 不做讨论。实际上,观测矩阵 $\boldsymbol{H}_{VO}$ (请参考式(5.13))建立了 $\delta\boldsymbol{X}_{1-6}$ 与 $\delta\boldsymbol{X}_{16-21}$ 的对应关系,若前 6 个状态完全可观,则可以确定 $\delta\boldsymbol{X}_{16-21}$ 是完全可观的。

图 5.1(a) 中给出了惯性/视觉组合导航的结果。此时,可观测的状态(或其线性组合)共有 15 个 (rank($\boldsymbol{Q}$) = 15),图中的 6 条曲线展示了奇异值 $\sigma_{16}, \cdots, \sigma_{21}$ 所对应的系统状态的线性组合。从图中可以看出,确定可以观测的状态有 7 个,包括 3 个速度分量 $\delta\boldsymbol{X}_{7-9}$、3 个陀螺零偏分量 $\delta\boldsymbol{X}_{13-15}$ 以及天向加表零偏 $\delta\boldsymbol{X}_{12}$,已在图中用"○"标出;其余状态均不能得到直接观测,或它们的误差之间存在耦合影响,包括 3 个位置分量 $\delta\boldsymbol{X}_{1-3}$、3 个姿态角分量 $\delta\boldsymbol{X}_{4-6}$ 以及 2 个水平加表零偏 $\delta\boldsymbol{X}_{10-11}$。

上述 7 个可观测状态的物理意义如下:视觉里程计的输出为相邻帧间载体的位置/姿态增量,相当于直接测量载体的速度和角速度,因此,系统的速度误差和陀螺零偏是可以直接观测的,而加表零偏为间接观测(对加表零偏积分后可以得到速度误差)。在滤波过程中,两个水平加表零偏是收敛的,但是没有收敛到真实值,而是收敛到了所谓的"等效零偏",其中包含了水平姿态角误差带来的影响;天向加表零偏与其他误差项之间没有耦合,在滤波过程中将收敛到真实值,因此是可观测的。

在上述的惯性/视觉组合导航模式中,不可观测的状态(或其线性组合)共有 6 个 (n-rank($\boldsymbol{Q}$) = 21-15 = 6)。其中,2 个水平角误差 $\delta\boldsymbol{X}_{4-5}$ 与 2 个水平加表零偏 $\delta\boldsymbol{X}_{10-11}$ 分别耦合,共同构成 2 个不可观测的状态组合,因此可以确定:剩余的 4 个状态($\delta\boldsymbol{X}_{1-3}$ 和 $\delta\boldsymbol{X}_6$)均不可观,即 3 个位置分量和航向角分量是不可观测的。由于上述水平角误差和水平加表零偏的耦合项,使得水平角的估计不能收敛到真实值,然而,受水平加表信息的约束(以及垂向的重力加速度),在准静态条件下,载体的水平角是不发散的(即误差有界);系统的绝对航向和绝对位置将会随着时间/距离的增加而一直发散下去,因此,引入航向约束和位置约束将是非常必要的。

图 5.1(b) 中给出了引入航向约束后系统状态的可观性分析结果。此时,可观测的状态(或其线性组合)共有 16 个 (rank($\boldsymbol{Q}$) = 16),确定可以观测的状态有 8 个,已在图中用"○"标出;与图 5.1(a) 相比,可观测的状态中增加了一个航向角误差分量 $\delta\boldsymbol{X}_6$。不可观测的状态(或其线性组合)共有 5 个 (n-rank($\boldsymbol{Q}$) = 21-16 = 5),它们分别是 2 个水平角误差 $\delta\boldsymbol{X}_{4-5}$ 与 2 个水平加表零偏 $\delta\boldsymbol{X}_{10-11}$ 耦合项以及 3 个位置误差分量 $\delta\boldsymbol{X}_{1-3}$。因此,在这种组合模式下,系统的绝对位置将会继续发散。

图 5.1(c) 中给出了仅引入位置约束时系统状态的可观性分析结果。此

时,可观测的状态(或其线性组合)共有 18 个(rank(Q)= 18),确定可以观测的状态有 10 个,已在图中用"○"标出;与图 5.1(a)相比,可观测的状态中增加了 3 个位置误差分量 δX_{1-3}。不可观测的状态(或其线性组合)共有 3 个(n-rank(Q)= 21-18 = 3),它们分别是两个水平角误差 δX_{4-5} 与两个水平加表零偏 δX_{10-11} 耦合项以及航向角误差分量 δX_6。另外,图 5.1(c)中的 3 条曲线中,航向角误差所占权重远大于 2 个水平角误差所占权重,表明航向角的可观测程度远低于 2 个水平角可观测程度,这意味着系统航向角误差可能会远大于水平角误差。在这种组合模式下,系统的绝对航向不可观,航向角误差将会一直发散下去,而错误的航向角将会导致系统生成错误的导引指令,进而影响载体的安全航行。

图 5.1(d)中给出了在航向约束和位置约束的辅助下,组合导航系统的可观性分析结果。此时,可观测的状态(或其线性组合)共有 19 个(rank(Q)= 19),确定可以观测的状态有 11 个,已在图中用"○"标出。不可观测的状态(或其线性组合)仅有 2 个(n-rank(Q)= 21-19 = 2),它们是 2 个水平角误差 δX_{4-5} 与 2 个水平加表零偏 δX_{10-11} 耦合项;然而,在准静态条件下,载体的水平角误差是不发散的,这在上文中已进行了说明。

以上理论分析及仿真结果表明,惯性/视觉组合导航系统的绝对航向和绝对位置是不可观测的,其误差将会随着导航时间/距离的增加而一直发散下去;引入航向约束和位置约束之后,系统所有的状态或者完全可观、或者误差有界(误差的上界由器件精度、载体动态范围、测量噪声等条件决定),可以保证系统实现长航时、远距离、高精度的导航需求。

在接下来的 2 节内容中(5.2 节和 5.3 节),将分别讨论惯性/视觉组合导航系统在引入航向约束和位置约束后的导航结果,通过车载实验进一步验证上述结论,并详细分析实验结果。

5.2　光罗盘辅助惯性/视觉组合导航算法

5.2.1　组合导航系统总体方案设计

组合导航系统的框架如图 5.2 所示,车载实验平台如图 5.3 所示,详细的算法请参考 5.1 节中的相关内容。系统主要由 MIMU(Xsens Mti-700)、单目相机(相机:PointGrey, BFLY-U3-03S2M;镜头:Theia, SL183M)和光罗盘等组成,其中,惯导解算模块依据 MIMU 输出的角速度和加速度进行位姿推算,视觉里程计模块提供相邻图像帧间的位姿增量观测,光罗盘根据测量的天空偏振模式并结合惯性导航输出的水平角信息,为组合导航系统提供航向观测。最后,利用扩展卡尔曼滤波(EKF)对以上信息进行融合,从而修正导航误差并补偿惯性器件零偏。

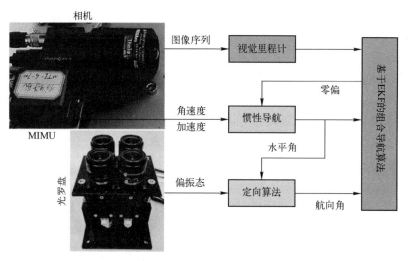

图 5.2　组合导航系统原理图

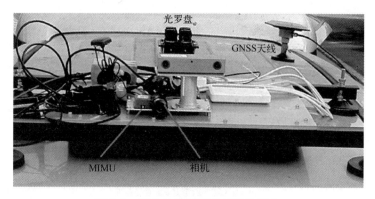

图 5.3　组合导航系统车载实验平台

为有效评估光罗盘辅助微惯性/视觉组合导航的效果,在车载实验中,将高精度激光陀螺惯导系统安装在车内,并与 GNSS 进行组合,从而提供位置和姿态基准。将光罗盘、相机、MIMU、GNSS 天线等设备安装在车顶,如图 5.3 所示,各传感器的技术指标如表 5.2 所列。所有的传感器通过外触发脉冲实现数据同步,传感器间的安装关系已通过离线标定获得。

表 5.2　车载实验平台各传感器技术指标

传　感　器	技　术　指　标	采　样　频　率
MIMU	陀螺零偏：$10(°)/h$ 加表零偏：$0.004m/s^2$	100Hz
单目相机	分辨率：$648 × 488$ 像素 焦距：1.8mm 视角：$105×90°$	10Hz
光罗盘	分辨率：$1034×778$ 像素 焦　距：3.5mm 视　角：$77×57°$	1Hz
GNSS/INS	位置精度：<1m 航向精度：< 0.05°	100Hz

5.2.2　基于 RANSAC 的太阳方向矢量估计算法

阵列式光罗盘定向算法的详细描述请参考 2.4 节,无遮挡条件下的实验结果请参考 3.3 节。上述基于特征矢量的太阳方矢矢量最优估计方法,其本质是最小二乘估计的一种变形。若数据集中的有效数据(Inliers)占绝大多数,无效数据(Outliers)只是很少量时,我们可以通过最小二乘法来确定模型的参数和误差;然而,若观测数据集中包含大量的无效数据时,最小二乘法将会失效。

太阳子午线的估计是以天空偏振模式的测量为基础的,在车载实验中,天空区域经常会被树木或者建筑物遮挡,而仅能观测部分天空。针对天空偏振模式受到严重遮挡的情况,本节中提出了基于随机抽样一致性算法(RANSAC,RANdom SAmple Consensus)的太阳方向矢量估计方法。

RANSAC 算法最早由 Fischler 和 Bolles 于 1981 年提出,该算法通过反复地随机选择数据集的子空间产生一个模型估计,然后利用估计出来的模型,使用数据集剩余的样本进行测试,获得一个得分,最终返回一个得分最高的模型估计作为整个数据集的模型,关于该算法的详细描述请参考文献[150]。针对本书中的具体应用背景,数据集 E 由偏振视觉传感器测量得到,见式(2.35);算法依据的模型为一阶瑞利散射模型,见式(2.37);算法的输出即为太阳方向矢量 S 的最优估计。算法的流程如表 5.3 所列。

表 5.3　基于 RANSAC 的太阳方向矢量估计算法

1：　$E^{inliers} = \varnothing$, $n_{hyp} = 1000, m = 1$
2：　while $m \leqslant n_{hyp}$, do m++
3：　　从 E 中随机选择 $E_m = [e_i \; e_j]$
4：　　根据式(2.37)估计 S

（续）

5:	根据式（2.38）确定内点 E_m^{inliers}
6:	if size（E_m^{inliers}）>size（E^{inliers}）
7:	$E^{\text{inliers}}=E_m^{\text{inliers}}$，$\varepsilon=1-\dfrac{\text{size}（E^{\text{inliers}}）}{\text{size}（E）}$，$n_{\text{hyp}}=\dfrac{\log（1-p）}{\log（1-（1-\varepsilon））}$
8:	end if
9:	end while
10:	$E=E^{\text{inliers}}$，根据式（2.39）估计太阳方向矢量 S

根据测量的太阳方向矢量 S 可进一步解算出载体在地理系中的航向角 ψ，参考式（2.46）及式（2.43）。基于 RANSAC 框架可以从包含大量野值的数据集中估计出高精度的模型参数，然而，算法的迭代次数没有上限，当数据集中的无效数据（Outliers）过多时，算法的收敛时间会很长。

针对上述问题，本书中首先采用基于支持矢量机（Support Vector Machine，SVM）[151] 的分类器对非天空区域进行剔除。这是一个典型的二分类问题，对于每一个像素点，本书中选择其 R-G-B 值作为分类的基（Basis），随机选择 10 幅（同时包括天空和非天空区域）图像作为训练库，其中的 3 幅如图 5.4（a）所示。每幅图像中手工标记 10 个天空区域的点和 10 个非天空区域的点，共计组成 200 个分类训练样本。据此训练基于支持矢量机的分类器，然后，对观测的场景进行天空区域检测，结果如图 5.4（b）所示。根据已检测得到的天空区域的偏振模式，按照表 5.3 中的算法即可从中快速提取出太阳方向矢量 S。

▶ 5.2.3 车载实验与结果分析

5.2.3.1 复杂环境下光罗盘定向实验及结果分析

为验证上述算法的有效性及定向精度，在国防科技大学校园内进行了车载实验，时间为 2016 年 12 月 7 日傍晚时分（17:10 — 17:19），行车距离约为 2.5km，用时 526 s。在这段时间内，太阳高度角从 3.70° 变化到 2.04°（太阳接近地平线），太阳方位角从 241.90° 变化到 243.01°（位于西南偏西方向）。实验车在校园的道路上运行，道路的两旁有大树和高楼，因此，在大多数路段光罗盘均受到很严重的遮挡，如图 5.4（a）所示；采用已训练好的分类器对非天空区域进行剔除，如图 5.4（b）所示；根据已检测得到的天空区域的偏振模式，按照表 5.3 中的算法即可从中提取出太阳子午线，结果如图 5.4（c）所示，图中的实线表示提取的太阳子午线（Solar Meridian，SM）方向，虚线为基准方向（由高精度激光陀螺惯导系统提供），图中同时列出了测量值与基准值间的偏差 $\delta\alpha_S$，可见，测量结果与基准值非常接近（偏差约为 1°）。

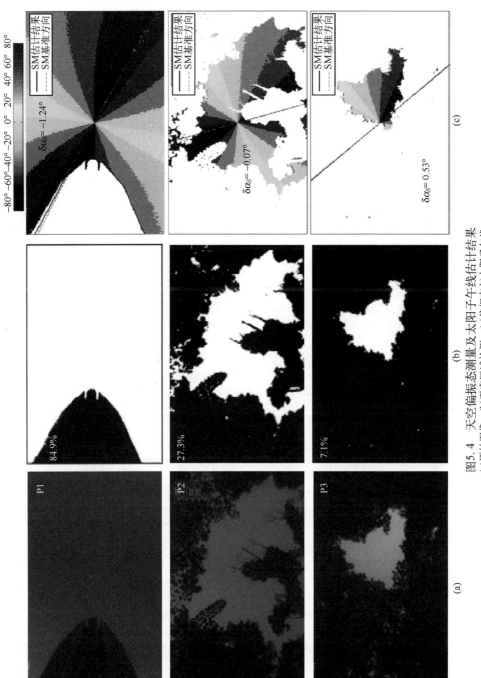

图5.4 天空偏振态测量及太阳子午线估计结果
(a)原始图像；(b)天空区域检测；(c)偏振态与太阳子午线。

在行车过程中,受建筑物和树叶的遮挡,光罗盘观测的天空区域面积在实时变化,天空区域的检测结果如图 5.5 所示。整个实验过程中,天空区域的变化范围为从视场的 0.028%（仅 222 像素）到 100%（无遮挡）。大多数的场景中,均受到了不同程度的遮挡,共计有 125 帧（全程共采集 526 帧）场景中天空区域的占比小于 10%,如图 5.5(b)所示。

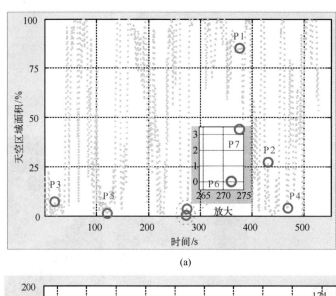

(a)

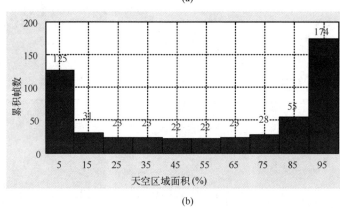

(b)

图 5.5　天空区域检测结果

(a) 实验过程中天空区域的变化曲线;(b) 天空区域的统计直方图。

车载实验过程中几处典型的场景如图 5.6 所示,从 P1 到 P6 天空区域的面积越来越小,即光罗盘受到的遮挡越来越严重,详见图 5.4 和图 5.6 中标注的百分比,以及图 5.5(a)中的圆圈。在 P6 场景(图 5.6)中,天空区域仅有 222 个像素点（整个视场的 0.028%）,是本次车载实验中受遮挡最严重的一处场景,这些微小的区域在图 5.6(b) 中用圆圈标出,以突出它们所在的具体位置。尽管可观测的天空区域非常小,光罗盘依然准确地从中提取出了太阳子午线,误差仅有 1.39°,这表明,本书中提出的太阳子午线提取方法(表 5.3)的鲁棒性非常好。

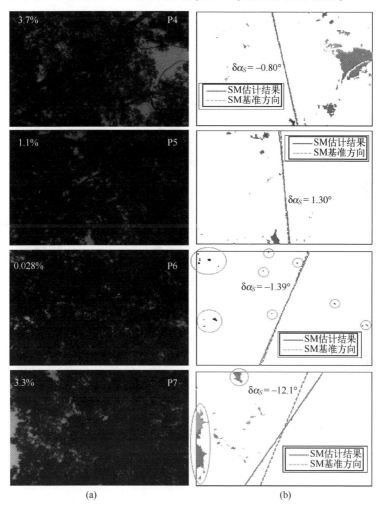

图 5.6　车载实验过程中的典型环境

(a) 原始图像;(b) 偏振态与太阳子午线。

在 P7 场景(图 5.6) 中,估计的太阳子午线方向与基准值的偏差达到了 12°,是本次车载实验中航向角估计误差最大的一处场景,引起这么大定向误差的主要原因是视场中所有的天空区域均分布在图像左半边,如图 5.6(b) 所示,从而使得在估计太阳子午线时可能产生一个系统性的偏差;另外,在该场景中,绝大部分的天空区域分布在图像的边缘区域,而这里的畸变最大,也会对最终的估计结果产生较大影响。因此,在利用阵列式光罗盘进行定向时,天空偏振模式在视场中的分布情况也是需要重点考虑的因素。需要指出的是,对于 P7 中的场景,光罗盘的定向结果在进行组合导航时会被检测为野值而剔除出去,详见图 5.7 及下文中的论述。

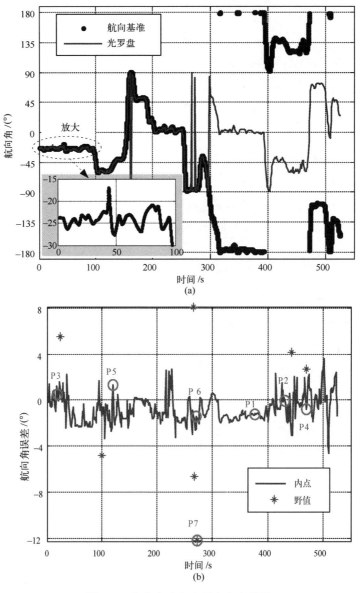

图 5.7　车载实验中光罗盘定向结果

(a) 航向角曲线;(b) 航向角误差曲线。

根据已估计出的太阳子午线在载体系中的方位角 α_S，结合太阳在地理系下相对于真北的方位角 β_S，即可得到载体相对于真北方向的航向角 $\psi = \beta_S - \alpha_S$，详见 2.4 节中图 2.11 和式(2.46)。

整个车载实验过程中光罗盘的定向结果如图 5.7 所示。图 5.7(a)中光罗盘输出的航向角所在区间为(−90°，90°]，这是由于仅基于天空偏振模式，则无法区分太阳子午线(Solar Meridian，SM)方向或其反方向(Anti-Solar Meridian，ASM)，这导致了在图 5.7(a)中 300s 以后，光罗盘输出的航向角与基准值间存在一个约 180°的偏差。

为了解决光罗盘输出的航向角存在 180°的模糊度的问题，在进行滤波观测时，使用惯导解算的输出结果作为参考，对光罗盘的输出结果($\psi_1 = \beta_S - \alpha_S$，$\psi_2 = \beta_S - \alpha_S + \pi$)进行判断，将距离参考值较远的那一个作为野值进行剔除，接近的一个作为观测值对系统状态进行量测更新。更进一步，在每次进行量测更新之前，检测惯导解算预测结果与光罗盘观测结果间的一致性(即新息的大小)，将偏差较大的观测值作为野值进行剔除，结果如图 5.7(b)所示。

图 5.7(b)中的曲线和 ∗ 点均表示光罗盘的定向误差，其中，∗ 点表示的是被组合导航系统剔除的野值，全程共有 7 个野值(1.3%)和 519 个内点(98.7%)。整个实验过程中光罗盘定向的均方根误差(Root Mean Square Error，RMSE)为 1.58°，最大误差为 12.12°；若仅统计内点的数据，则光罗盘定向的均方根误差为 1.38°，最大误差为 4.59°。图 5.7(b)中的圆圈对应于图 5.4 和图 5.6 中 P1~P7 的典型场景。以上分析结果表明，即使受到很严重的遮挡而仅能看到一小部分天空区域的偏振模式，本书提出的基于阵列式光罗盘的定向算法依然可以提供准确的航向信息。

5.2.3.2 光罗盘辅助惯性/视觉组合导航实验

本节将上文中的光罗盘定向结果与惯性/视觉导航的结果进行融合，并将组合之后的导航结果与以下几种导航方法做对比：纯惯性导航；视觉里程计；微惯性/视觉里程计。组合导航系统的初始位姿由 GNSS/INS 组合导航系统提供，不同方法的导航结果比较如表 5.4 所列。车载实验过程中，各方法的导航轨迹如图 5.8 所示，图 5.9 中给出了其对应的位置误差曲线，不同方法对应的航向角估计结果如图 5.10 所示。

结果表明：

(1) 基于 MIMU 的纯惯性导航，其位置误差发散非常快，若无其他传感器辅助，不适宜单独使用 MIMU 做航迹推算；

(2) 在大多数场景中，视觉里程计提供了较为准确的位姿增量(相邻帧之间的相对位姿)，然而，若在某一帧出现了较大的误差后(由不适宜的场景特征、

振动引起的图像模糊等原因引起),该误差将在其后的导航过程中一直累积下去;

(3)惯性/视觉组合导航在短时间内会显著提高导航精度(见图 5.9 中的前 150s 的位置误差曲线),且其整个轨迹的尺度大小与基准值很接近,然而,在实验的后半程其轨迹的方向与基准值存在较大偏差;

(4)在光罗盘的辅助之下,组合导航系统的航向得到了直接观测,整个实验过程中的导航精度有了大幅提高。

在整个车载实验过程中,增加了光罗盘的航向约束之后,组合导航系统的导航轨迹与基准值非常接近,见图 5.8 中的点线,系统最大定位误差为 60m,其均方根误差为 25.9m(行车路程 2.52km)。该结果主要得益于航向角精度的提高,由于光罗盘提供了准确的航向约束,组合导航系统的航向角误差减小到了 0.92°(RMSE),最大的航向角误差为 2.90°,详见表 5.4 和图 5.10 的点线。需要特别指出的是,为清晰起见,图 5.10(b)中点线对应的坐标轴刻度位于图中右侧。

表 5.4　不同方法的导航结果比较

	方　法	均方根误差	最　大　误　差
位置误差 /m	纯惯导	37561	93884
	视觉里程计	291.0	536.0
	惯性/视觉	180.7	453.9
	光罗盘/惯性/视觉	**25.9**	**60.0**
航向角误差 /(°)	纯惯导	26.42	47.62
	视觉里程计	43.31	80.59
	惯性/视觉	30.46	56.22
	光罗盘	1.58	12.12
	光罗盘(内点)	1.38	4.59
	光罗盘/惯性/视觉	**0.92**	**2.90**

与文献[61]中的结论相一致,视觉里程计的导航误差随着距离的增加呈超线性增长,其位置误差主要由航向角误差的发散而引起;将 MIMU 与视觉里程计融合之后,系统的导航精度和动态适应性均得到了有效提高,然而,其航向角仍然无法得到观测,随着导航过程而发散,见图 5.10(a)中的点划线。注意:图 5.10(a)中的航向角并没有限制在(-180°,180°]区间内,这主要是为保持曲线的连续性,使得图像更清晰,否则,在 300~400s,航向角位于-180°附近,曲线会持续跳变。以上结果表明,在光罗盘的辅助下,组合导航系统的航向角误差被限制在较小范围内(见图 5.10(b)中的点线),系统的位置误差也减小为随导航距离的增加而线性增加(见图 5.9 中的点线)。

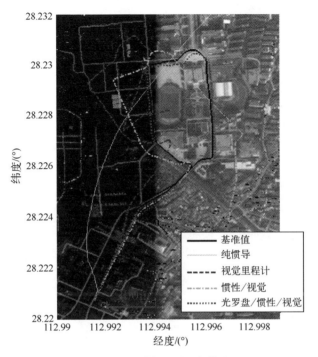

图 5.8　不同方法的导航轨迹

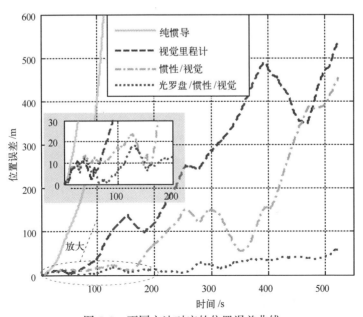

图 5.9　不同方法对应的位置误差曲线

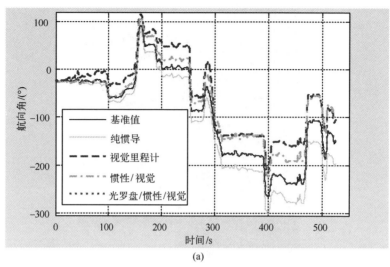

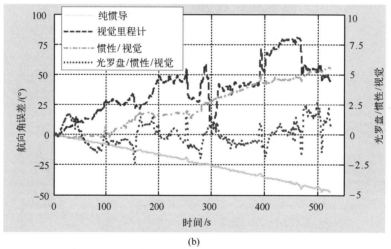

图 5.10　不同方法对应的航向角估计结果

（a）航向角变化曲线；（b）航向角误差曲线。

5.3　基于航向/位置约束的仿生导航算法

▶ 5.3.1　仿生导航算法框架

在 5.2 节中，已详细分析了利用偏振光罗盘的信息作为航向约束，从而辅助惯性/视觉里程计的导航结果。在此基础上,本节中利用导航拓扑节点识别结果作为位置约束,实现"航迹推算+航向约束+位置约束"的仿生导航模式,从而获取准确可靠的导航参数。算法的原理如图 5.11 所示。

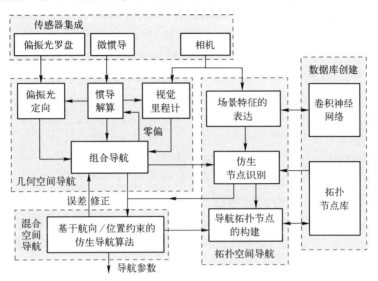

图 5.11　基于航向/位置约束的仿生导航算法框图

在图 5.11 中的几何空间导航部分,惯导解算模块依据 MIMU 输出的角速度和加速度进行位姿推算,需要对测量值在时间域进行积分,该种递推方式中,如果存在初始偏差、测量零偏和噪声等,其递推误差随时间累积并快速增长;视觉里程计模块提供相邻图像帧间的位姿增量观测,其每次测量得到的是载体的相对位姿变化,该测量值与时间无关,仅与载体在空间中的运动有关,通过对测量值在几何空间中做加法运算,即可递推得到载体当前的位置信息。惯性导航和视觉导航具有互补的动态性能,低速下相机可以准确地跟踪特征点,而惯导可以适应高动态环境,因此,把它们组合起来可以得到更好的性能。然而,惯性/视觉里程计这种递推导航模式中,其航向角是不可观的,随着航向角的发散,导航误差随之迅速增长。本书中依托课题组自研的仿生偏振光罗盘,根据其测量的天空偏振模式,为组合导航系统提供航向约束;最后,利用扩展卡尔曼滤波(EKF)对这些信息进行融合,从而修正导航误差并补偿惯性器件零偏。详细的组合导航算法请参考 5.1 节中相关内容,详细的实验结果及分析请参考 5.2 节中的相关内容。

在拓扑空间导航部分,根据相机采集的场景图像,采用基于卷积神经网络的场景特征表达方法,从中提取出图像的特征信息,在这个过程之前,需要对深度卷积神经网络进行训练,使其可以自动地生成图像场景中所蕴含的特征信息。人工神经网络的训练就如同生物大脑的学习,都是一个不停试错并减少错误的过程,训练得到的神经网络参数相当于生物大脑的记忆,从而形成图 5.11 中数据库创建模块中的卷积神经网络部分。在进行节点位置识别时,本书中首先构建导航拓扑图,建立拓扑节点与视觉场景特征之间的映射关系,同时建立各场景特征的可用性判别准则及误差范围,提取相应参数,为下一步混合空间内多传感器信息融合算法提供先验概率估计,以实现信息的有效利用;导航拓扑节点的构建方法请参考 4.4 节中的相关内容。在识别拓扑节点时,可采用单帧图像特征识别的方法,也可以同时利用导航平台上的多套相机的测量结果,还可以采用 4.2 节中提出的基于网格细胞模型的序列图像匹配方法等,可针对具体的应用环境选择不同的节点识别方法。

在图 5.11 中的混合空间内仿生导航算法部分,本书以惯性/视觉里程计为基础,完成几何空间内的航迹推算,结合偏振光罗盘的航向信息和节点识别结果,实现"航迹推算+航向约束+位置约束"的导航模式。在进行多源数据融合时,以基于 MIMU 的捷联惯性导航作为组合导航中的参考系统,以视觉里程计输出的位置/姿态增量作为子滤波器的观测量,组合导航系统的状态方程和观测方程请参考 5.1.1 节中的相关内容。以光罗盘的输出作为系统的航向观测,以节点的识别结果作为系统的位置观测,从而修正组合导航系统累积的导航误差。由于不同信息源的误差可能以非线性形式进行传播,且存在某一或部分信息源出错的问题,在信息融合时需对各子系统中信息的可用性和误差范围进行评估;在每次进行量测更新之前,检测惯性导航预测结果与观测结果间的一致性(即新息的大小),将偏差较大的观测值作为野值进行剔除。

▶ 5.3.2 实验结果与分析

组合导航系统多源信息融合原理如图 5.12 所示,系统主要由 MIMU(Xsens Mti-700)、单目相机(相机:PointGrey, BFLY-U3-03S2M;镜头:Theia, SL183M)和光罗盘等组成,其中,惯导解算模块依据 MIMU 输出的角速度和加速度进行位姿推算,视觉里程计模块提供相邻图像帧间载体的位姿增量观测,光罗盘根据测量的天空偏振模式并结合惯性导航输出的水平角信息,为组合导航系统提供航向约束,节点识别结果为组合导航系统提供位置约束。最后,利用扩展卡尔曼滤波(EKF)对多源信息进行融合,从而修正积累的导航误差并对惯性器件零偏进行补偿,基于 EKF 的多源信息融合算法请参考 5.1 节中的相关内容。

车载实验平台请参考 5.2 节中的图 5.3，各传感器的技术指标请参考表 5.2，在此不再赘述。

车载实验在国防科技大学校园内进行，时间为 2016 年 12 月 7 日傍晚时分（17:10—17:19），行驶距离约为 2.5km，用时 526s，行车轨迹如图 5.13 中的黑色曲线所示。实验中相机以 10Hz 的帧率工作，但并不是所有的图像都用来进行节点识别；利用惯性/视觉里程计的信息，只有在当前帧图像与上一个用来进行节点识别的图像间的距离大于等于某一阈值（本节中设为 2m）时，该图像才会输入到深度卷积神经网络模块进行特征提取，进而进行节点识别，这种选取图像的思路请参考图 4.7 及 4.2.2 节中的相关内容。

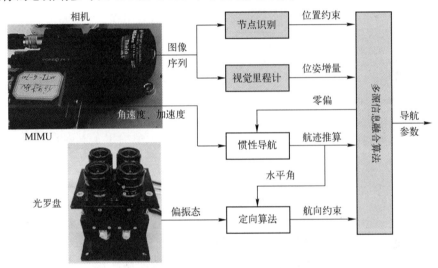

图 5.12　仿生导航多源信息融合原理图

基于图 4.29 中已构建的导航拓扑节点，在车载实验过程中的节点识别结果如图 5.13 中的圆圈所示，图中仅画出了在识别正确率为 100% 的条件下的节点识别结果。

图 5.13 中每个特征对应的定位精度是不尽相同的，其中，圆圈的直径大小代表了当前帧图像场景对应的位置不确定度；圆圈越小，说明位置约束越强，对应的定位精度越高。图 5.13 中的节点识别定位精度为 12.8m（RMSE），最大定位误差为 25.6m。在下一步的多传感器信息融合中，将据此建立位置观测方程中的协方差矩阵，以实现信息的有效利用。

在 5.2 节中，已详细介绍了在光罗盘提供航向约束条件下，微惯性/视觉组合导航实验结果。在航向约束的基础上，本节中引入位置约束，从而进一步修正系统累积的导航误差，并将不同约束条件下的导航结果进行比较。车载实验

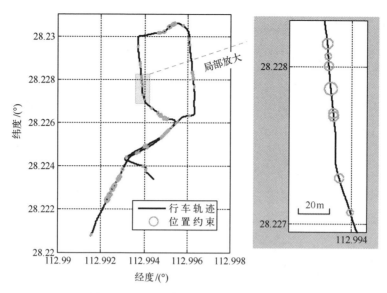

图 5.13　基于导航拓扑图的节点识别结果

过程中,各方法的导航轨迹如图 5.14 所示,图 5.15 中给出了其对应的位置误差曲线。

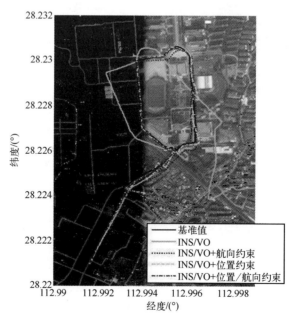

图 5.14　不同约束条件下的导航轨迹

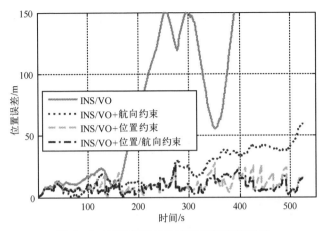

图 5.15　不同约束条件下的导航定位误差

车载实验过程中,各方法对应的航向角估计结果如图 5.16 所示。注意:图中的航向角并没有限制在 (−180°,180°] 区间内,请参考图 5.10 中的相关说明。各方法对应的航向角误差如图 5.17 所示。

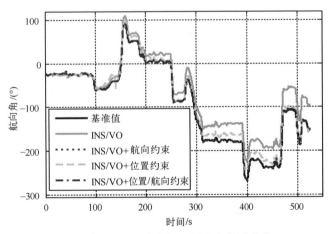

图 5.16　不同约束条件下航向角估计曲线

在位置/航向约束下组合导航系统性能评估结果如表 5.5 所列,表中列出了在不同约束条件下导航系统的性能(表中的部分数据来自于表 5.4,以便对比参考)。

图 5.14~图 5.17 中的实线表示微惯性/视觉里程计组合导航(INS/VO)的结果,点线表示在偏振光罗盘的航向约束下的导航结果,它们与纯惯导(INS)、视觉里程计(VO)一起,已经在 3.3 节中进行了详细的分析,在此不再赘述,请参考图 5.8~图 5.10 及文中的相关描述,本节中重点讨论引入位置约束后组合导航系统的性能变化。

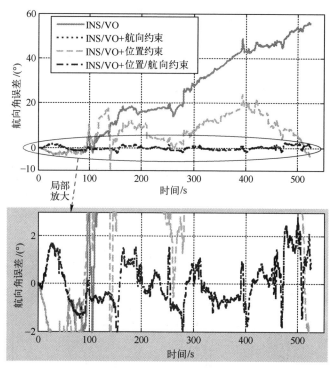

图5.17　不同约束条件下航向角误差比较

表5.5　位置/航向约束下组合导航系统性能评估

	方　　法	均方根误差	最 大 误 差
位置误差 /m	纯惯导（INS）	37561	93884
	视觉里程计（VO）	291.0	536.0
	INS/VO	180.7	453.9
	节点识别定位（内点）	12.8	**25.6**
	INS/VO+航向约束	25.9	60.0
	INS/VO+位置约束	**11.2**	28.8
	INS/VO+位置/航向约束	**9.9**	**28.1**
航向角误差 /（°）	纯惯导（INS）	26.42	47.62
	视觉里程计（VO）	43.31	80.59
	INS/VO	30.46	56.22
	偏振光罗盘（内点）	1.38	4.59
	INS/VO+航向约束	**0.92**	**2.90**
	INS/VO+位置约束	9.71	23.75
	INS/VO+位置/航向约束	**0.92**	**2.87**

图 5.14~图 5.17 中的虚线表示惯性/视觉组合导航系统(INS/VO)在节点位置约束下的导航结果。从图 5.15 中的定位误差曲线可以看出,引入位置约束之后,系统的定位精度得到了显著提高,且图中的位置误差曲线不再有发散的趋势,整个实验过程中的定位误差为 11.2m(RMSE),而仅有光罗盘的航向约束时,系统的定位精度为 25.9m(RMSE),如表 5.5 所列。从图 5.17 中的航向角误差曲线可以看出,引入位置约束之后,系统的航向角精度也得到了一定程度的提高,航向角误差从 30° 左右减小为 10°(RMSE)左右,如表 5.5 所列。然而,由于位置观测只能间接地约束航向,且这里的位置观测的更新率和定位精度均较低(位置观测精度请参考表 5.5),因此,在提高定向精度方面,节点的位置约束远不如光罗盘航向约束的效果显著。

图 5.14~图 5.17 中的点划线表示惯性/视觉组合导航系统(INS/VO)在航向约束和位置约束双重作用下的导航结果。此时,导航轨迹与基准值基本一致,系统最大定位误差为 28.1m,其均方根误差为 9.9m(行车路程 2.5km)。对比图 5.14 和图 5.15 中其他几种方法的定位结果可得:惯性/视觉组合导航的定位误差随着导航时间/距离的增加而迅速增长(超线性),其原因已在 5.2 节中进行了分析;在偏振光罗盘的航向约束下,系统的位置误差减小为随导航距离的增加而线性增加;在进一步引入位置约束后,系统的位置误差被限制在了较小的范围,随着导航距离的增加,定位误差不再具有发散的趋势。在定向精度方面,由于在光罗盘航向约束下,系统的定向精度已达到较高的水平,且位置观测只能间接地约束航向,对航向角的约束能力较弱,因此,系统的定向精度仍然保持在光罗盘航辅助时的水平。

表 5.5 中列出了在不同约束条件下导航系统的性能,表中的部分数据——如纯惯导(INS)、视觉里程计(VO)等请参考 5.2 节中的表 5.4 及文中的相关内容,在此不再赘述。在偏振光罗盘的航向约束和节点的位置约束之下,可充分发挥二者所具有的优势,显著提高组合导航系统的定位、定向精度,组合导航系统的定位误差约为 10m(RMSE),航向角误差约为 1°(RMSE)。其中,系统的位置精度主要由节点识别定位的精度(RMSE = 12.8m)提供保证,而其定向精度则主要由偏振光罗盘(RMSE = 1.38°)提供保证。在航向约束和位置约束的辅助下,惯性/视觉组合导航模块实现全程的航迹推算,输出系统的导航参数。结果表明,导航递推(路径积分)、位置约束、航向约束共同构成了载体长航时、高精度导航的基础。

本书中的算法均是在桌面操作系统上离线运行的,并没有在片上系统实时导航。为了评价算法的运行效率和实时性,使用 MATLAB 的时间统计方法对算法的运行时间进行分析,其中 CPU 的主频为 2.3GHz,算法没有采用并行处理。

由于各传感器的数据更新率不同(详见表5.2),统计每帧数据的运行时间不够直观,因此,针对图5.12中的多源信息融合算法,评估其处理1s的数据所需要的时间,结果如下。

(1)节点识别0.372s。其中,数据更新率约为2Hz,基于卷积神经网络的特征提取用时0.147s/帧×2帧=0.294s,基于导航拓扑图的节点识别用时0.039s/帧×2帧=0.078s(节点识别所用时间与导航拓扑图的规模相关)。

(2)光罗盘定向0.628s。

(3)视觉里程计0.761s。

(4)惯性导航递推及多源信息融合0.048s。

可见,以上4个模块在单独工作时均可以满足实时性计算的需求,但是若把这些计算工作都交给一个导航计算机则其难以胜任。在实际应用时,应该对上述前3个模块配备专用的数据处理芯片,将其计算结果交给导航计算机进行信息融合(上述第四个模块)。

算法对于存储量的需求与导航拓扑图的规模相关,本书中构建的导航拓扑图覆盖的路程约为3km,占用的存储空间约为15MB。其中,绝大部分的空间(99.5%)用来存储特征库,由于节点库和映射矩阵是稀疏的(图4.27),所以占用的存储空间非常小。在构建大范围的导航拓扑图时,考虑将拓扑节点进行分级,每个级别对应不同的空间尺度,可实现对导航拓扑图的有效管理和不同精度的定位需求;另外,在进行场景特征匹配时,可引入系统的导航结果作为参考,从而减小特征匹配时的搜索范围,以提高搜索速度和匹配精度。

5.4 本章小结

本章重点开展了基于航向/位置约束的仿生导航算法研究,利用本书中设计的偏振视觉传感器,结合微惯性测量单元、单目相机共同构建组合导航系统的硬件基础。以微惯性/视觉组合导航完成几何空间内的航迹推算,以光罗盘定向结果作为航向约束,以节点识别结果形成位置约束,在混合空间内实现"航迹推算+航向约束+位置约束"的仿生导航模式。

首先,构建了基于航向/位置约束的组合导航系统模型,推导了系统的状态方程、观测方程;利用基于奇异值分解的可观性分析方法,分析了不同组合模式下系统状态的可观性,通过理论分析和仿真实验证明了引入航向/位置约束的必要性。结果表明,惯性/视觉组合导航系统的绝对航向和绝对位置是不可观测的,其误差将会随着导航时间/距离的增加而一直发散下去;引入航向约束和位置约束之后,系统所有的状态或者完全可观、或者误差有界。

其次,针对复杂环境下(受树叶、建筑物等遮挡)偏振光罗盘的定向问题开展研究,提出了基于随机抽样一致性算法(RANSAC)的太阳方向矢量估计方法,并将光罗盘用于辅助微惯性/视觉组合导航系统。结果表明,即使受到很严重的遮挡而仅能看到一小部分天空区域(低至 0.028%)的偏振模式,本书提出的基于阵列式光罗盘的定向算法依然可以提供准确的航向信息(RMSE = 1.58°)。在光罗盘的辅助之下,组合导航系统的航向得到了直接观测,导航精度有了大幅提高,系统最大定位误差为 60m,其均方根误差为 25.9m(行车路程 2.52km)。

最后,针对本书提出的基于航向/位置约束的仿生导航算法,开展了车载实验验证。在航向约束和位置约束的辅助下,惯性/视觉组合导航模块实现全程的航迹推算,输出系统的导航参数。结果表明,在偏振光罗盘的航向约束和节点的位置约束之下,可充分发挥二者所具有的优势,显著提高组合导航系统的定位、定向精度,组合导航系统的定位误差约为 10m(RMSE),航向角误差小于 1°(RMSE);其中,系统的位置精度主要由节点识别定位的精度(RMSE = 12.8m)提供保证,而其定向精度则主要由偏振光罗盘(RMSE = 1.38°)提供保证。因此,导航递推(路径积分)、航向约束、位置约束共同构成了载体长航时、高精度导航的基础。

第6章 总结与展望

6.1 主要研究结论

本书以无人作战平台在卫星信号拒止情况下的自主导航为应用背景,借鉴生物导航机理,在仿生传感器和仿生导航方法两个层面开展研究。重点开展了仿生偏振视觉定位定向算法、多目偏振视觉传感器设计与标定、拓扑节点特征的表达与识别方法、基于航向/位置约束的仿生导航方法等研究内容,并进行了相关的实验验证。本书的主要研究工作和研究成果总结如下。

(1)提出了一种基于阵列式偏振光传感器的定向算法。首先,研究了偏振光检测的基本原理,推导了冗余观测条件下偏振模态的最小二乘估计方法;其次,推导了基于瑞利散射模型的天空偏振模式,提出了基于特征向量的太阳方位最优估计方法,该方法通过综合利用视场范围内整个区域的偏振信息,显著提高了偏振光定向精度;最后,针对复杂环境下(受树叶、建筑物等遮挡)偏振光罗盘的定向问题,提出了基于随机抽样一致性(RANSAC)的太阳方向矢量估计方法。结果表明,即使受到严重遮挡而仅能看到一小部分天空区域(低至0.028%)的偏振模式,该算法依然可以提供准确的航向信息。

(2)研究了一种新型偏振视觉传感器优化设计与集成方法。首先,针对检偏器的布局开展优化设计,确立了采用 N 等分 180° 的最优布局,为传感器设计提供了理论依据;其次,针对多目偏振视觉传感器的设计及其标定方法进行了详细的分析,提出了一种多相机联合标定方法,显著提高了相机间的光路配准精度;最后,探索了基于像素偏振片的微阵列式光罗盘设计与集成方法,开展了传感器标定与测试研究,建立了像素偏振片在集成时的安装误差模型,分析了误差的传播规律,确立了安装误差的允许范围,为项目组后续的研究工作打下了基础。

(3)探索了基于偏振视觉的图像增强方法。首先,基于对场景的偏振分析,剥离了光线在大气传输时受到的干扰,使图像对比度得到显著增强,并研究了基于偏振信息进行场景辨识和目标探测的方法;其次,在“折射-反射”场景中,利用偏振分析实现了透射场景和反射场景的重建,从而消除了场景间的相互干扰,使得观测目标的轮廓及纹理细节更加清晰。

(4) 提出了一种仿生节点特征表达与识别方法。首先,研究了基于网格细胞模型的节点识别方法,提出了惯性/视觉里程计辅助的序列图像匹配方法,从而显著提高了节点识别效果;其次,基于人脑的视觉机理以及人工智能领域最新的深度学习算法,探索了基于卷积神经网络的场景特征表达方法,解决了视角大小不同的相机之间基于全局特征的图像匹配难题;最后,提出了基于映射关系的导航拓扑节点组织方法,建立了经验知识的可用性判别准则及其对应的误差范围,为数据融合算法的先验概率估计模型提供参照。

(5) 提出了一种基于航向/位置约束的仿生导航算法。以微惯性/视觉组合导航完成几何空间内的航迹推算,以光罗盘定向结果作为航向约束,以节点识别结果形成位置约束,从而修正组合导航系统积累的导航误差,实现了“航迹推算+航向约束+位置约束”的仿生导航模式;分析了不同约束条件下系统状态的可观性,为相关的理论及应用研究提供参考依据。结果表明,在偏振光罗盘的航向约束和节点的位置约束之下,可充分发挥二者所具有的优势,显著提高组合导航系统的定位、定向精度,组合导航系统的定位误差约为 10m(RMSE),航向角误差小于 1°(RMSE)。

6.2　研 究 展 望

本书针对偏振视觉仿生导航方法中的相关问题进行了初步探索,取得了一些有价值的成果,但还有部分问题有待进一步研究,主要包括以下几个方面。

(1) 本书中在集成微阵列式光罗盘时,是按照设计的参数单独加工微阵列式偏振片,而后将其粘贴在 CCD 芯片上,详见 3.4 节中的相关内容,在这个过程中,偏振片像素与 CCD 像素的对准精度很难保证;对准误差会直接影响偏振光传感器的信噪比,进而影响定向精度。下一步将探索微阵列式光罗盘一体化加工工艺方案,直接在 CCD 的圆片上方刻蚀对应于每个像素的纳米金属光栅,从工艺上解决对准问题,同时使得像素偏振片紧贴 CCD 感光单元,减小光路间的串扰。

(2) 本书中在构建组合导航传感器时,采用了课题组自研的仿生偏振光罗盘,舍弃了传统的磁罗盘。生物行为学已经表明,一些候鸟在迁徙时会综合使用体内的光罗盘和磁罗盘的信息,因此,下一步将开展光磁复合罗盘的研究,以充分利用二者的优点,提高定向精度和环境适应性。另外,本书对于光罗盘受季节变化的影响、以及在多种天气条件下的测试还不够完善,这也是下一步工作的重点。

（3）本书在进行仿生场景特征的表达时，使用的是已训练完成的卷积神经网络，没有针对具体的应用场景进行专门的训练，下一步将有针对性地开展训练工作，以获得更加凝练、贴切的场景特征，进一步提高节点的识别率和正确率。

（4）在进行多源信息融合时，本书采用的是传统的扩展卡尔曼滤波（EKF）框架，若后续进行更多的传感器信息融合，则其逻辑关系将会非常复杂，且传感器故障后系统的重构能力较差。下一步将开展包含仿生导航的全源导航技术研究，探索仿生信息融合策略，研究系统智能重构与切换技术，实现多源导航信息的"即插即用性"。

参 考 文 献

[1] 胡小平. 自主导航技术[M]. 北京:国防工业出版社,2016.

[2] 张潇,胡小平,张礼廉,等. 一种改进的 RatSLAM 仿生导航算法[J]. 导航与控制,2015,14(5):73-79.

[3] Cochran W W,Mouritsen H,Wikelski M. Migrating songbirds recalibrate their magnetic compass daily from twilight cues[J]. Science,2004,304:405-408.

[4] Muheim R,Phillips J,kesson S. Polarized light cues underlie compass calibration in migratory songbirds [J]. Science,2006,313:837-839.

[5] Lambrinos D,Möller R,Labhart T,et al. A mobile robot employing insect strategies for navigation[J]. Robotics and Autonomous Systems,2000,30(1-2):39-64.

[6] Chu J,Zhao K,Zhang Q,et al. Construction and performance test of a novel polarization sensor for navigation[J]. Sensors & Actuators A:Physical,2008,148(1):75-82.

[7] Wiltschko R,Schiffner I,Fuhrmann P,et al. The Role of the Magnetite-Based Receptors in the Beak in Pigeon Homing[J]. Current Biology Cb,2010,20(17):1534-1538.

[8] Fyhn M,Molden S,Witter M P,et al. Spatial representation in the entorhinal cortex[J]. Science,2004,305(5688):1258.

[9] Solstad T,Boccara C N,Kropff E,et al. Representation of geometric borders in the entorhinal cortex[J]. Science,2008,322(5909):1865.

[10] Bonin-Font F,Ortiz A,Oliver G. Visual Navigation for Mobile Robots:A Survey[J]. J Intell Robot Syst,2008,53(3):263.

[11] 范晨,胡小平,何晓峰,等. 仿生偏振光导航研究综述[C]. 中国惯性技术学会学术年会,2015.

[12] Prasanna V V. The navigation system of the brain[J]. Resonance,2015,20(5):401-415.

[13] Steiner T J,Truax R D,Frey K. A vision-aided inertial navigation system for agile high-speed flight in unmapped environments:Distribution statement A:Approved for public release,distribution unlimited; proceedings of the Aerospace Conference,F,2017[C].

[14] O'keefe J,Dostrovsky J. The hippocampus as a spatial map:Preliminary evidence from unit activity in the freely-moving rat[J]. Brain Research,1971,34(1):171-175.

[15] Hafting T,Fyhn M,Molden S,et al. Microstructure of a spatial map in the entorhinal cortex[J]. Nature,2005,436(7052):801.

[16] 徐晓东. 移动机器人几何—拓扑混合地图构建及定位研究[D]. 大连:大连理工大学,2005.

[17] Thakoor S,Morookian J M,Chahl J,et al. BEES:Exploring Mars with bioinspired technologies[J]. Computer,2004,37(9):38-47.

[18] Roy N,Thrun S. Online self-calibration for mobile robots;proceedings of the IEEE International Conference on Robotics and Automation,1999 Proceedings,F,1999[C].

[19] Roy N,Thrun S. Coastal Navigation with Mobile Robots; proceedings of the Advances in Neural Processing Systems,F,1999[C].

[20] Gaspar J,Winters N,Santos-Victor J. Vision-based navigation and environmental representations with an omnidirectional camera[J]. IEEE Transactions on Robotics & Automation,2000,16(6):890-898.

[21] Milford M J,Wyeth G F,Prasser D. RatSLAM:a hippocampal model for simultaneous localization and mapping;proceedings of the IEEE International Conference on Robotics and Automation,2004 Proceedings ICRA,F,2004[C].

[22] Milford M J,Wyeth G F. Mapping a Suburb With a Single Camera Using a Biologically Inspired SLAM System[J]. IEEE TRANSACTIONS ON ROBOTICS,2008,24(5):1038-1053.

[23] Jan S,Herbert P. BatSLAM:Simultaneous Localization and Mapping Using Biomimetic Sonar[J]. Plos One,2013,8(1):e54076.

[24] Santschi F. L'orientation siderale des fourmis,et quelques consideration sur leurs differentespossibilites d'orientation[J]. Mem Soc Vaudoise Sci Nat,1923,4:137-175.

[25] Frisch K V. Die Polarisation des Himmelslichtes als orientierender Faktor bei den Tänzen der Bienen[J]. Cellular & Molecular Life Sciences Cmls,1949,5(4):142-148.

[26] Amit L,Nikolay M,Nir S,et al. Reflected polarization guides chironomid females to oviposition sites[J]. Journal of Experimental Biology,2008,211(22):3536-3543.

[27] kos M,Hegedüs R,Kriska G,et al. Effect of cattail (Typha spp.) mowing on water beetle assemblages: Changes of environmental factors and the aerial colonization of aquatic habitats[J]. Journal of Insect Conservation,2011,15(3):389-399.

[28] Labhart T. How polarization-sensitive interneurones of crickets perform at low degrees of polarization[J]. Journal of Experimental Biology,1996,199(Pt 7):1467.

[29] 王玉杰,胡小平,练军想,等. 仿生偏振视觉定位定向机理与实验[J]. 光学精密工程,2016,24 (9):2109-2116.

[30] Schmolke A,Mallot H A. Polarization compass for robot navigation[M]. Fifth German Workshop on Artificial Life,2002:163-167.

[31] Ahn S W,Lee K D,Kim J S,et al. Fabrication of a 50 nm half-pitch wire grid polarizer using nanoimprint lithography[J]. Nanotechnology,2005,16(9):1874.

[32] Ekinci Y,Solak H H,David C,et al. Bilayer Al wire-grids as broadband and high-performance polarizers [J]. Opt Express,2006,14(6):2323.

[33] Karman S B,Diah S Z M,Gebeshuber I C. Bio-Inspired Polarized Skylight-Based Navigation Sensors:A Review[J]. sensors,2012(12):14232-14261.

[34] Sarkar M,Bello D S S,Van Hoof C,et al. A Biologically Inspired CMOS Image Sensor for Fast Motion and Polarization Detection[J]. IEEE Sensors Journal,2011,13(3):825-828.

[35] 范晨,胡小平,何晓峰,等. 天空偏振模式对仿生偏振光定向的影响及实验[J]. 光学精密工程, 2015,23(9):2429-2437.

[36] Wang D,Liang H,Zhu H,et al. A bionic camera-based polarization navigation sensor[J]. Sensors,2014, 14(7):13006-13023.

[37] 卢皓,赵开春,尤政,等. 基于偏振成像的方位角度解算算法的设计与验证[J]. 清华大学学报(自然科学版),2014,54(11):1492-1496.

[38] 任建斌,刘俊,唐军,等.利用大气偏振模式确定太阳和太阳子午线空间位置法[J].光子学报,2015,44(7):113-118.

[39] 赵开春.仿生偏振导航传感器原理样机与性能测试研究[D].大连:大连理工大学,2008.

[40] 褚金奎,王洪青,戎成功,等.基于偏振光传感器的导航系统实验测试[J].宇航学报,2011,32(3):489-494.

[41] 范之国,高隽,魏靖敏,等.仿沙蚁POL-神经元的偏振信息检测方法的研究[J].仪器仪表学报,2008,29(4):745-749.

[42] 卢鸿谦,尹航,黄显林.偏振光/地磁/GPS/SINS组合导航方法[J].宇航学报,2007,28(4):897-902.

[43] 卢鸿谦,黄显林,尹航.三维空间中的偏振光导航方法[J].光学技术,2007,33(3):94-97.

[44] 王飞,唐军,任建斌,等.基于Rayleigh大气偏振模式的太阳空间位置优化计算[J].光子学报,2014,43(12):62-67.

[45] 康宁,唐军,李大林,等.亚波长金属偏振光栅设计与分析[J].传感器与微系统,2015,34(2):79-81.

[46] Wang Y,Hu X,Lian J,et al. Design of a Device for Sky Light Polarization Measurements[J]. Sensors,2014,14(8):14916-14931.

[47] Xian Z,Hu X,Lian J,et al. A novel angle computation and calibration algorithm of bio-inspired sky-light polarization navigation sensor[J]. Sensors,2014,14(9):17068-17088.

[48] Wang Y,Hu X,Lian J,et al. Bionic Orientation and Visual Enhancement With a Novel Polarization Camera[J]. IEEE Sensors Journal,2017,17(5):1316-1324.

[49] Wang Y,Hu X,Zhang L,et al. Polarized Light Compass-Aided Visual-Inertial Navigation Under Foliage Environment[J]. IEEE Sensors Journal,2017,17(17):5646-5653.

[50] Ma T,Hu X,Lian J,et al. Compass information extracted from a polarization sensor using a least-squares algorithm[J]. Applied Optics,2014,53(29):6735-6741.

[51] Titterton D H,Weston J L. Strapdown inertial navigation technology,2nd edition[M]. Massachusetts:Institution of Engineering and Technology,2004.

[52] 尹文.MIMU微惯性测量单元误差建模与补偿技术[D].长沙:国防科学技术大学,2007.

[53] Scaramuzza D,Fraundorfer F. Visual odometry:Part I:The First 30 Years and Fundamentals[J]. Robotics & Automation Magazine,IEEE,2011,18(4):80-92.

[54] Durrant-Whyte H,Bailey T. Simultaneous Localization and Mapping:Part I[J]. IEEE Robotics & Amp Amp Automation Magazine,2006,13(2):99-110.

[55] Bailey T,Durrantwhyte H. Simultaneous Localisation and Mapping (SLAM) Part 2:State of the Art[J]. IEEE Robotics & Amp Amp Automation Magazine,2006,13(3):108-117.

[56] 王玉杰,胡小平,练军想,等.惯性/视觉里程计辅助的序列图像匹配方法[M].中国惯性技术学会第七届学术年会,2015:79-83.

[57] Kong X,Wu W,Zhang L,et al. Tightly-Coupled Stereo Visual-Inertial Navigation Using Point and Line Features[J]. Sensors,2015,15(6):12816-12833.

[58] Corke P,Lobo J,Dias J. An introduction to inertial and visual sensing[J]. The international journal of robotics research,2007,26(6):519-535.

[59] Xian Z,Hu X,Lian J. Fusing Stereo Camera and Low-Cost Inertial Measurement Unit for Autonomous

Navigation in a Tightly-Coupled Approach[J]. Jounal of Navigation,2015,68(5):434-452.

[60] Hu J S,Chen M Y. A sliding-window visual-IMU Odemeter based on Tri-focal Tensor Geometry[M]. IEEE International Conference on Robotics & Automation (ICRA). Hong Kong Convention and Exhibition Center,HongKong,China. 2014:3963-3968.

[61] Olson C F,Matthies L H,Schoppers M,et al. Rover Navigation using Stereo Ego-motion[J]. Robotics & Autonomous Systems,2003,43(4):215-229.

[62] Romanovas M,Schwarze T,Schwaab M,et al. Stochastic cloning Kalman filter for visual odometry and inertial/magnetic data fusion; proceedings of the International Conference on Information Fusion,F,2013 [C].

[63] Feng G,Wu W,Wang J. Observability Analysis of a Matrix Kalman Filter-Based Navigation System Using Visual/Inertial/Magnetic Sensors[J]. Sensors,2012,12(7):8877-8894.

[64] Lang P,Pinz A. Calibration of Hybrid Vision/Inertial Tracking Systems; proceedings of the Proceedings of the 2nd InerVis:Workshop on Integration of Vision and Inertial Senors,Barcelona,Spain,F,2005[C].

[65] Mirzaei F M,Roumeliotis S I. A Kalman Filter-Based Algorithm for IMU-Camera Calibration:Observability Analysis and Performance Evaluation[J]. IEEE Trans Robot,2008,24(5):1143-1156.

[66] 姜广浩,罗斌,赵强. 基于 EKF 的摄像机-IMU 相对姿态标定方法[J]. 计算机应用与软件,2015, 32(7):155-158.

[67] 杨浩,张峰,叶军涛. 摄像机和惯性测量单元的相对位姿标定方法[J]. 机器人,2011,33(4): 419-426.

[68] Lowry S, Sünderhauf N, Newman P, et al. Visual Place Recognition: A Survey [J]. IEEE TRANSACTIONS ON ROBOTICS,2016,32(1):1-19.

[69] Harris C. A combined corner and edge detector[J]. Proc Alvey Vision Conf,1988,1988(3):147-151.

[70] Lowe D G. Distinctive Image Features from Scale-Invariant Keypoints[J]. International Journal of Computer Vision,2004,60(2):91-110.

[71] Bay H,Tuytelaars T,Gool L V. SURF:speeded up robust features[J]. Computer Vision & Image Understanding,2006,110(3):404-417.

[72] Ulrich I,Nourbakhsh I. Appearance-based place recognition for topological localization; proceedings of the IEEE International Conference on Robotics and Automation,2000 Proceedings ICRA,F,2000[C].

[73] Oliva A,Torralba A. Modeling the Shape of the Scene:A Holistic Representation of the Spatial Envelope [J]. International Journal of Computer Vision,2001,42(3):145-175.

[74] Cummins M,Newman P. FAB-MAP:Probabilistic Localization and Mapping in the Space of Appearance [J]. The International Journal of Robotics Research,2008,27(6):647-665.

[75] Paul R,Newman P. Self-help:Seeking out perplexing images for ever improving topological mapping[J]. International Journal of Robotics Research,2013,32(14):1742-1766.

[76] O'keefe J,Conway D H. Hippocampal place units in the freely moving rat:Why they fire where they fire [J]. Experimental Brain Research,1978,31(4):573-590.

[77] Welinder P E,Burak Y,Fiete I R. Grid cells:The position code, neural network models of activity, and the problem of learning[J]. Hippocampus,2008,18(12):1283-1300.

[78] Milford M J,Wyeth G F. SeqSLAM:Visual route-based navigation for sunny summer days and stormy winter nights; proceedings of the Robotics and Automation (ICRA),2012 IEEE International Conference

on,F,2012[C]. IEEE.

［79］ Salas-Moreno R F,Newcombe R A,Strasdat H,et al. SLAM++:Simultaneous Localisation and Mapping at the Level of Objects;proceedings of the IEEE Conference on Computer Vision and Pattern Recognition,F,2013[C].

［80］ Long J,Zhang N,Darrell T. Do Convnets Learn Correspondence? ［J］. Advances in Neural Information Processing Systems,2014(2):1601-1609.

［81］ Balntas V,Johns E,Tang L,et al. PN-Net:Conjoined Triple Deep Network for Learning Local Image Descriptors[J],2016.

［82］ Neubert P,Sunderhauf N,Protzel P. Appearance change prediction for long-term navigation across seasons;proceedings of the European Conference on Mobile Robots,F,2014[C].

［83］ Neubert P,Sünderhauf N,Protzel P. Superpixel-based appearance change prediction for long-term navigation across seasons[J]. Robotics & Autonomous Systems,2015,69(1):15-27.

［84］ Sunderhauf N,Shirazi S,Dayoub F,et al. On the performance of ConvNet features for place recognition [J],2015:4297-4304.

［85］ Sünderhauf N,Shirazi S,Jacobson A,et al. Place recognition with ConvNet landmarks:Viewpoint-robust,condition-robust,training-free[M]. Springer International Publishing,2015.

［86］ Tyo J S,Goldstein D L,Chenault D B,et al. Review of passive imaging polarimetry for remote sensing applications[J]. Applied Optics,2006,45(22):5453-5469.

［87］ Pust N J,Shaw J A. Dual-field imaging polarimeter using liquid crystal variable retarders[J]. Applied Optics,2006,45(22):5470-5478.

［88］ Ieee. IEEE Standard for Digitizing Waveform Recorders[M]. Fitting sine waves to recorded sine wave data,2001.

［89］ Pomozi I,Horvath G,Wehner R. How the clear-sky angle of polarization pattern continues underneath clouds:full-sky measurements and implications for animal orientation[J]. Journal of Experimental Biology,2001,204(17):2933.

［90］ Horváth G,Bernáth B,Suhai B,et al. First observation of the fourth neutral polarization point in the atmosphere[J]. J Opt Soc Am A,2002,19(10):2085-2099.

［91］ Smith G S. The polarization of skylight:An example from nature[J]. American Journal of Physics,2007,75(1):25-35.

［92］ Bradski G R,Kaehler A. Learning OpenCV - computer vision with the OpenCV library:software that sees [M]. DBLP,2008.

［93］ Berry M V,Dennis M R,R. L. Lee J. Polarization singularities in the clear sky[J]. New Journal of Physics,2004,6(1):162.

［94］ 王玉杰,胡小平,练军想,等. 仿生偏振光定向算法及误差分析[J]. 宇航学报,2015,36(2):211-216.

［95］ Grena R. An algorithm for the computation of the solar position [J]. Solar Energy,2008,82(5):462-470.

［96］ Wehner R. Polarization vision - a uniform sensory capacity? ［J］. Journal of Experimental Biology,2001,204(14):2589-2596.

［97］ Karman S,Diah S,Gebeshuber I. Bio-Inspired Polarized Skylight-Based Navigation Sensors:A Review

[J]. Sensors,2012,12(11):14232-14261.

[98] Fluxdata. FD-1665P Polarization Camera. [Online] Available:http://www. fluxdata. com/imaging-po-larimeters.

[99] Farlow C A,Chenault D B,Pezzaniti J L. Imaging polarimeter development and applications[J]. Proceed-ings of SPIE—The International Society for Optical Engineering,2002,4481(1):118-125.

[100] Pezzaniti J L, Chenault D B. A division of aperture MWIR imaging polarimeter[J]. Proceedings of SPIE-The International Society for Optical Engineering,2005,44(3):515-533.

[101] Zhang W,Cao Y,Zhang X,et al. Sky light polarization detection with linear polarizer triplet in light field camera inspired by insect vision[J]. Applied Optics,2015,54(30):8962-8970.

[102] Justin M. New directions in the detection of polarized light[J]. Philosophical Transactions of the Royal Society B:Biological Sciences,2011,366(1565):615-616.

[103] 王光辉,郭正东,朱海,等. 偏振光天文导航定位能力分析[J]. 光子学报,2012,41(1):11-14.

[104] 程珍,梅涛,梁华为,等. 一种偏振光自定位方法的分析及实现[J]. 光电工程,2015(6):33-38.

[105] Wang Y,Chu J,Zhang R,et al. A novel autonomous real-time position method based on polarized light and geomagnetic field[J]. Scientific Reports,2015,5:9725.

[106] 吴量,王建立,王昊京. 基于最小损失函数的三视场天文定位定向[J]. 光学精密工程,2015,23(3):904-912.

[107] Tyo J S. Optimum linear combination strategy for an N-channel polarization-sensitive imaging or vision system[J]. J Opt Soc Am A,1998,15(2):359-366.

[108] Tyo J S. Design of Optimal Polarimeters:Maximization of Signal-to-Noise Ratio and Minimization of Systematic Error[J]. Applied Optics,2002,41(4):619-630.

[109] Fan C,Hu X,Lian J,et al. Design and Calibration of a Novel Camera-Based Bio-Inspired Polarization Navigation Sensor[J]. IEEE Sensors Journal,2016,16(10):3640-3648.

[110] Zhang Z. A Flexible New Technique for Camera Calibration[J]. IEEE Transactions on Pattern Analysis & Machine Intelligence,2000,22(11):1330.

[111] Kannala J,Brandt S S. A Generic Camera Model and Calibration Method for Conventional,Wide-Angle, and Fish-Eye Lenses[J]. IEEE Transactions on Pattern Analysis & Machine Intelligence,2006,28(8):1335-1341.

[112] Wang Y,Hu X,Lian J,et al. Geometric calibration algorithm of polarization camera using planar patterns [J]. Journal of Shanghai Jiaotong University (Science),2017,22(1):55-59.

[113] Bouguet J Y. Camera Calibration Toolbox for Matlab. [Online] Available:http://www. vision. caltech. edu/bouguetj/calib_doc/.

[114] Lu H,Zhao K,You Z,et al. Design and verification of an orientation algorithm based on polarization ima-ging[J]. Journal of Tsinghua University(Science and Technology),2014,(11):1492-1496.

[115] 张娜,褚金奎,赵开春,等. 基于严格耦合波理论的亚波长金属光栅偏振器设计[J]. 传感技术学报,2006,19(5a):1739-1743.

[116] 赵华君,袁代蓉,吴正茂. 亚波长偏振光栅的研究进展[J]. 激光与光电子学进展,2008,45(3):38-43.

[117] 张志刚,董凤良,张青川,等. 像素偏振片阵列制备及其在偏振图像增强中的应用[J]. 物理学报,2014,63(18):184204-184204.

[118] Perkins R T, Hansen D P, Gardner E W, et al. Broadband wire grid polarizer for the visible spectrum: US, US6122103 [P/OL], 2000.

[119] Gruev V, Perkins R, York T. CCD polarization imaging sensor with aluminum nanowire optical filters [J]. Opt Express, 2010, 18(18):19087.

[120] Kulkarni M, Gruev V. Integrated spectral-polarization imaging sensor with aluminum nanowire polarization filters[J]. Opt Express, 2012, 20(21):22997-23012.

[121] Zhao X, Boussaid F, Bermak A, et al. Thin Photo-Patterned Micropolarizer Array for CMOS Image Sensors[J]. IEEE Photonics Technology Letters, 2009, 21(12):805-807.

[122] Han G, Hu X, Lian J, et al. Design and Calibration of a Novel Bio-Inspired Pixelated Polarized Light Compass[J]. Sensors, 2017, 17(11):2623.

[123] Schechner Y Y, Karpel N. Recovering scenes by polarization analysis; proceedings of the Oceans, F, 2004[C].

[124] Schechner Y Y, Narasimhan S G, Nayar S K. Instant dehazing of images using polarization; proceedings of the IEEE Computer Society Conference on Computer Vision & Pattern Recognition, F, 2001[C].

[125] Diamant Y, Schechner Y Y. Overcoming visual reverberations; proceedings of the IEEE Conference on Computer Vision and Pattern Recognition (CVPR), F, 2008[C].

[126] Schechner Y Y, Shamir J, Kiryati N. Polarization and statistical analysis of scenes containing a semireflector[J]. Journal of the Optical Society of America, 2000, 17(2):276-284.

[127] Geva-Sagiv M, Las L, Yovel Y, et al. Spatial cognition in bats and rats: from sensory acquisition to multiscale maps and navigation[J]. Nature Reviews Neuroscience, 2015(16):94-108.

[128] Moser E I, Kropff E, Moser M B. Place cells, grid cells, and the brain's spatial representation system [J]. Annual Review of Neuroscience, 2008, 31(1):69.

[129] Buzsáki G, Moser E I. Memory, navigation and theta rhythm in the hippocampal-entorhinal system[J]. Nature Neuroscience, 2013, 16(2):130-138.

[130] Sünderhauf N, Neubert P, Protzel P. Are we there yet? challenging seqslam on a 3000km journey across all four seasons; proceedings of the Proc of Workshop on Long-Term Autonomy, IEEE International Conference on Robotics and Automation (ICRA), F, 2013[C]. Citeseer.

[131] Wang Y, Hu X, Lian J, et al. Improved SeqSLAM for Real-Time Place Recognition and Navigation Error Correction[M]. 7th international conference on intelligent human-machine systems and cybernetics (IHMSC2015). Hangzhou China: IEEE, 2015:260-264.

[132] Geiger A, Lenz P, Stiller C, et al. Vision meets Robotics: The KITTI Dataset[J]. International Journal of Robotics Research (IJRR), 2013.

[133] Dalal N, Triggs B. Histograms of Oriented Gradients for Human Detection; proceedings of the IEEE Computer Society Conference on Computer Vision & Pattern Recognition, F, 2005[C].

[134] Wang Z H, Wu F C. Mean-standard deviation descriptor and line matching[J]. Pattern Recognition & Artificial Intelligence, 2009, 22(1):32-39.

[135] Lecun Y, Bengio Y, Hinton G. Deep learning[J]. Nature, 2015, 521(7553):436-444.

[136] Hinton G, Osindero S, Welling M, et al. Unsupervised Discovery of Nonlinear Structure Using Contrastive Backpropagation[J]. Cognitive Science, 2006, 30(4):725-731.

[137] Zeiler M D, Fergus R. Visualizing and Understanding Convolutional Networks[C]. proceedings of the

European Conference on Computer Vision,2013:818-833.

[138] Arandjelovic R,Gronat P,Torii A,et al. NetVLAD:CNN Architecture for Weakly Supervised Place Recognition[J],2016:5297-5307.

[139] Jegou H,Douze M,Schmid C,et al. Aggregating local descriptors into a compact image representation; proceedings of the Computer Vision and Pattern Recognition,F,2010[C].

[140] Kong X,Wu W,Zhang L,et al. Performance improvement of visual-inertial navigation system by using polarized light compass[J]. Industrial Robot:An International Journal,2016,43(6):588-595.

[141] Geiger A,Ziegler J,Stiller C. StereoScan:Dense 3d reconstruction in real-time[J]. IEEE Intelligent Vehicles Symposium,2011,32(14):963 - 968.

[142] Nistér D. An Efficient Solution to the Five-Point Relative Pose Problem[J]. IEEE Transactions on Pattern Analysis & Machine Intelligence,2004,26(6):756.

[143] Roumeliotis S I,Johnson A E,Montgomery J F. Augmenting inertial navigation with image-based motion estimation; proceedings of the IEEE International Conference on Robotics and Automation,2002 Proceedings ICRA,F,2002[C].

[144] 陈良. 机载 GNSS/SINS 组合精密导航关键技术研究[D]. 长沙:国防科学技术大学,2013.

[145] 吕召鹏. SINS/DVL 组合导航技术研究[D]. 长沙:国防科学技术大学,2011.

[146] Goshen-Meskin D,Bar-Itzhack I. Observability analysis of piece-wise constant systems. I. Theory[J]. Aerospace & Electronic Systems IEEE Transactions on,2002,28(4):1056-1067.

[147] 吴美平,胡小平. 捷联惯导系统误差状态可观性分析[J]. 宇航学报,2002,23(2):54-57.

[148] 蔡劭琨. 航空重力矢量测量及误差分离方法研究[D]. 长沙:国防科学技术大学,2014.

[149] 杨晓霞,阴玉梅. 可观测度的探讨及其在捷联惯导系统可观测性分析中的应用[J]. 中国惯性技术学报,2012,20(4):405-409.

[150] Fischler M A,Bolles R C. Random sample consensus:a paradigm for model fitting with applications to image analysis and automated cartography[J]. Commun ACM,1981,24(6):381-395.

[151] Chapelle O. Training a Support Vector Machine in the Primal[J]. Neural Computation,2007,19(5):1155-1178.